이케아
DIY

일러두기

** 이케아를 제외한 회사명은 『 』로 표기했으며, 사이트명은 「 」로 표기했습니다.

** 이 책에 나오는 모든 이케아 제품과 해당 제품을 디자인한 디자이너명은 부록에 수록했습니다.

Remake Ikea – Idéer och inspiration för en egen stil

ⓒ2013 Rolf Ellnebrand, all contributors and Columbus Förlag AB

First published by Columbus Förlag AB, Sweden.

Korean translation rights arranged with Columbus Förlag AB, Sweden

through PLS Agency, Korea

Korean edition published in 2015 by SAMHO MEDIA, Korea.

전 세계 DIY족을 열광시킨
이케아 해커스들의 리폼 인테리어

Ikea
이케아 DIY

롤프 엘네브란드 지음
김현정 옮김

samho MEDIA

CONTENTS

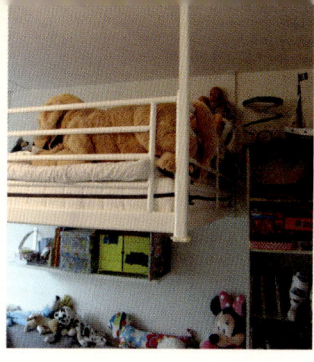

부록

가구를 새로 구입할까, 리폼할까?

"두 잇 유어셀프 DO IT YOURSELF". 오래전부터 많은 사람이 이 모토에 열광했던 것을 보면 알 수 있듯이, DIY 는 이제 세계적 흐름이 되었다. 자신이 직접 무언가를 만든다는 것이 일종의 라이프스타일로 자리 잡은 것이다. DIY 개념은 아마추어리즘이 하나의 문화로 인정받던 1950년대 중반, 영국에서 처음 사용되었다. 그리고 1970년대부터는 많은 음악인과 음악 애호가들이 직접 자신만의 스튜디오를 만들고, 전문 잡지를 간행하기에 이르렀으며 현재는 '더 메이커스 THE MAKERS'라 불리는 DIY 하위문화까지 이루었다. 이 메이커스들에게 가장 중요한 것은 저렴하게 구입한 제품에 세심함을 기울여 작업하는 즐거움과 독자성이다.

이케아 해킹의 탄생

이러한 추세와 더불어 몇 년 전부터 유행하기 시작한 것이 '이케아 해킹'이다. 이케아 제품을 자신만의 독창적인 방식으로 변형해 개성 있는 작품을 만들어내는 것이다. 또한 이러한 작업을 하는, 소위 '이케아 해커'라 불리는 DIY족들은 작품을 만드는 것뿐만 아니라 자신의 아이디어를 통해 많은 사람이 영감을 받고 공유하길 바란다. 그래서 요즘에는 DIY 사이트나 블로그, 잡지 등도 많아지고 있다. 나는 이러한 아이디어의 홍수 속에서 「이케아 해커스 www.ikeahackers.net」 사이트에 게재된 70명의 이케아 리폼 프로젝트를 소개하려 한다. 아마추어뿐 아니라 인테리어 전문가의 작품도 함께 실었으며, 이케아 가구의 일부 또는 전체를 어떻게 변형하고, 실내 분위기와의 조화를 꾀했는지를 중점적으로 봐주길 바란다.

전 세계 DIY족이 열광하는 「이케아 해커스」

앞서 소개했듯이, 「이케아 해커스」에는 이케아 제품을 변형한 수많은 작품이 총망라해 있다. 특히 이케아의 '엑스페디트 책장'과 '빌리 책장'을 리메이크한 프로젝트는 무척 인기가 많으며, '팍툼'이나 '베스토, 팍스 시리즈'의 리메이크 작품 또한 볼 만하다.

「이케아 해커스」는 2006년 말레이시아 출신의 프리랜서 카피라이터인 메이메이 얍이 개설했다. 물론, 그녀도 이케아의 '주레스 회전의자'를 리폼한 바 있는 DIY족 가운데 한 사람으로, 많은 사람이 DIY 아이디어를 공유하고 영감을 받길 바라며 사이트를 만들었다. 메이메이는 이러한 작품을 거실, 침실, 아이 방, 주방 등 다양한 카테고리로 나누어 소개하며, 방문객에게 좋은 프로젝트를 추천할 수 있도록 해 해마다 '최고의 작품'

을 엄선하고는 한다. 해마다 뽑는 '최고의 작품'은 메이메이가 1차로 선발한 후, 방문객들이 마음에 드는 작품을 추천하는 방식인데, 특히 2011년에는 5천 명의 방문객이 참여하기도 했다.

그리고 나는 운이 좋게도 이 작품의 주인공들에게 동의를 얻어 책을 쓸 수 있게 되었다. 모두에게 감사를 전한다.

한 가지 알아둘 것은 하루에도 수 건씩 다양한 프로젝트가 업데이트되지만, 메이메이와 해커들은 이케아에게서 어떠한 보수도 받지 않는다는 사실이다. 오히려 이 사이트는 다양한 기업의 광고를 통해 자금을 조달하고 있으며, 자신의 아이디어를 대중과 공유하는 순수한 열정에 기인하고 있다는 것을 알린다.

▲ 「이케아 해커스」의 설립자, 메이메이 얍.

"DIY족에게 단순하고 실용적인 이케아 제품은 무한한 상상력을 통해 개성을 발휘하기에 가장 적합한 제품이며, 많은 사람에게 개성 있는 집을 꾸밀 수 있는 기회를 제공한다."

왜 이케아 제품인가?

이케아는 기업의 내적 개혁과 'PS컬렉션 이케아 내부 디자인 팀과 여러 나라 디자이너의 협업 컬렉션'을 통해 1995년 '민주적 디자인'이라는 개념을 창안했다. 이러한 민주적 사고는 자신의 손으로 직접 집을 꾸미는 DIY 열풍과 함께 한 단계 더 발전해, 책장이 신발장이 되고 의자는 옷걸이가 되며, 수백 개의 꽃병이 욕실의 유리벽이 되는 결과를 낳기도 했다. 제품마다 고유의 기능이 있다는 개념이 사라지고, 사용하는 사람에 따라 제품에 다양한 기능을 부과할 수 있다는 개념이 창안한 것이다.

'스웨덴의 개성은 비싸지 않다.'라는 말 또한 이케아의 슬로건 가운데 하나이다. 실제로 대부분의 이케아 제품은 저렴하며, 단순하고 실용적이어서 창의력을 발휘하기에 가장 적합한 제품으로 평가되고 있다. 이는 많은 사람에게 개성 있는 집을 꾸밀 기회를 제공한다는 뜻이기도 하다.

이 책의 구성

이 책은 리메이크 프로젝트를 '거실, 침실, 현관과 복도, 주방과 다이닝룸, 아이 방, 욕실, 조명, 기타'의 8개 파트로 나누어 소개한다. 모두 개성적이면서도 스마트함까지 갖춘 작품이므로 여러분에게 도움이 되길 바란다.

또한 작품 제작에 도전해볼 수 있도록 프로젝트마다 필요한 재료와 공구를 표기했다. 난이도에 따라 쉽게 따라 만들 수도 있는 것도 있고, 약간의 기술을 필요로 하는 것도 있지만 마음에 든다면 도전해보자.

DIY족들은 기본적으로 환경보호를 위한 재활용과 제품의 수명 연장에 대해 관심이 많다. 그래서 이들은 벼룩시장이나 인터넷 중고 사이트에서 리폼에 적합한 물건을 싸게 구입하는 걸 마다치 않으며, 공동으로 아이디어를 창안하고 자신의 아이디어를 공유하는 데에 가치를 둔다. 이케아의 소파와 암체어 커버를 판매하는 회사 『벰츠 BEMZ』의 설립자 레슬링 패닝턴은 이렇게 이야기한다. "저는 고객이 원하는 것을 목록으로 작성한 뒤 고객이 원하는 방향으로 작업을 해나가는 편이에요. 하지만 고객의 아이디어를 통해 끊임없이 영감을 받는 사람은 결국 저예요. 이런 방식을 통해 더 만족스러운 작품을 만들 수 있다는 점에서 공동 창안은 멋진 일이지요."

이 책에는 『벰츠』처럼 이케아 제품을 더 멋지게 꾸밀 수 있는 부속품을 생산해 판매하는 회사도 상세하게 소개한다. 이들의 제품을 구매하면 좀 더 쉽게 개성을 살릴 수 있는 작품을 만들 수 있을 것이다. 또한, 성공적인 리폼을 위한 팁과 이케아의 역사에 대해서도 소개하고 있으니 참고하길 바란다.

▶ 2004년, 이케아의 의자를 모티브로 해 사회비판 정신을 표현한 예술가 크리스터 템스탄데르 (Christer Themptander)의 작품. 사진과 콜라주 기법을 사용했다.

När vi gjorde nya Rolf
tänkte vi på allting.

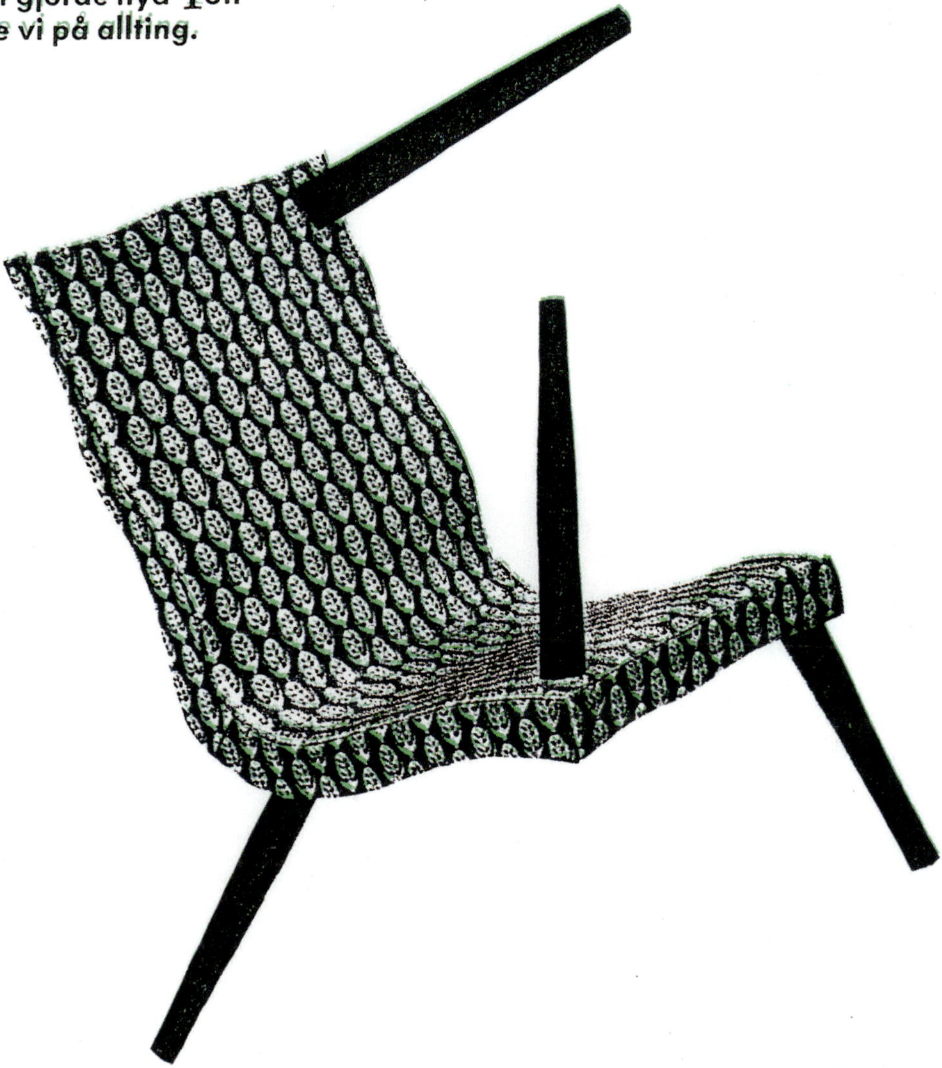

이케아의 훌륭한 디자이너

제품을 알기 위해서는 그 제품을 만든 디자이너에 대해 아는 것도 중요하다. 디자이너의 철학에 따라 제품의 특성이 결정되기 때문이다. 특히 이케아는 제품의 이름은 잘 알려졌지만, 정작 제품 디자이너에 대해서는 알려진 바가 별로 없다. 그래서 이 책의 부록에 제품명 함께 디자이너명도 함께 실었다. 등받이 없는 '토레 의자'와 '빌리 책장'을 만든 베테랑 디자이너 일리스 룬드그렌부터 '이살라 시리즈'를 만든 현역 디자이너 요한나 아스호프에 이르기까지 이케아의 수많은 디자이너를 소개하고 있다.

나는 이 책을 집필하며 될 수 있으면 많은 디자이너와 접촉하려 노력했다. 물론, 디자이너 대부분과는 연락에 성공했으나 그렇지 못한 디자이너도 있다. 혹시라도 이 책에 누락된 디자이너가 있다면 송구스럽게 생각하며, 독자 여러분에게도 양해를 구한다.

이케아의 뛰어난 디자이너와 그의 예술품에 대해 알고 싶다면 스타판 벵크손의 《이케아 책 : 디자이너와 제품, 그리고 다른 물건들》과 에바 아틀레 비아네스탐의 《이케아 디자인과 정체성》을 참고하길 바란다.

이 책이 나오기까지 애써주신 모든 분께 감사드린다. 그리고 이제 여러분은 보물 같은 디자이너들의 창작품을 개조해 새로운 창조물을 만들 차례이다. 자, 리메이크하라!

롤프 엘네브란드 ROLF ELLNEBRAND

IKEA
DIY

거실
+
living room

모자이크 벽지를 붙인 테이블

카롤리나 세이볼드
CAROLINA SEYBOLD

준비물

재료
- 이케아 크리테르 어린이 테이블
- 도배용 풀
- 벽지

공구
- 붓
- 사포
- 커터 칼

TIP

테이블 상판에 붙인 벽지 위에 래커칠을 하면 광택이 날 뿐만 아니라 이물질을 닦아 내기도 쉽다.

사람들은 '테이블은 그냥 테이블일 뿐'이라고 생각한다. 하지만 나처럼 욕실이나 주방에 깔린 타일과 같은 자재에서 자극을 받거나 영감을 떠올리는 사람은 테이블 상판을 예쁜 모자이크 벽면이나 멋진 양탄자로 착각하기도 한다.

합리적인 가격의 가구를 파는 곳으로 잘 알려진 이케아에는 작은 흠집이 있는 제품을 초특가에 판매하는 천국과도 같은 코너가 있다. 나는 항상 이 코너에서 나의 '리폼 욕구'를 일깨우는 물건을 물색하고는 하는데, 가격도 벼룩시장의 물건값과 비슷해 자주 이용한다.

어느 날, 나는 이 초특가 코너에서 래커칠 된 '크리테르 어린이 테이블'을 발견했다. 그리고 집으로 가져와 풀과 가위, 남은 벽지를 이용해 리폼을 시작했다. 테이블에 굵힌 흠이 있어서 상판에 벽지를 붙이고, 가장자리에 남은 벽지를 가지런히 잘랐더니 평범했던 테이블이 시선을 끄는 멋진 아이 캐처로 변신! 이국적인 느낌의 모자이크 벽지를 붙인 이 테이블은 집 안 어디에 두어도 멋지다.

"사람들은 테이블을 그냥 테이블이라고 생각한다.
 그러나 내게 테이블은 멋진 이국적 느낌을
 표현할 수 있는 '그 무엇'이다."

1

테이블 상판을 깨끗이 닦고 표면을 사포로 매끄럽게 다듬는다. 그래야 나중에 벽지가 깔끔하고 예쁘게 부착된다. 벽지를 재단할 때도 상판 크기에 딱 맞추기보다 상판을 약간 덮을 정도의 여유를 주는 것이 좋다.

2

벽지를 붙일 때는 테이블 상판에 풀을 충분히 붓고, 붓으로 잘 펴 바른다.
그리고 두꺼운 책을 이용해 상판을 꾹꾹 누르거나 밀어 기포가 생기지 않게 마무리한다. 또한 벽지 가장자리를 커터 칼로 자를 때는 칼날을 테이블 상판에 바싹 붙여야 바르고 매끄럽게 자를 수 있다.

3

12∼24시간 동안 테이블을 건조시킨다. 건조가 끝나면 여러분의 작품을 바라보면서 티타임을 즐길 수 있을 것이다.

쇠못 장식 수납장

티나 신달
TINA SINDAHL

준비물

재료
- 이케아 베스토 수납장
- 가구용 쇠못
- 종이

공구
- 가위
- 망치
- 송곳
- 펜

미국에 있을 때, 가구용 쇠못으로 장식된 시크한 분위기의 수납장을 본 적이 있다. 마음에 들어 당장 구매하고 싶었지만, 당시에는 너무 비싸서 포기할 수밖에 없었다. 그러다가 스웨덴으로 돌아와 새집을 꾸밀 때 쇠못 장식 수납장이 다시 떠올라 구입하려 했을 때는 이미 단종된 뒤였다. 그래서 나는 이케아에서 유광의 '베스토 수납장'을 산 다음, 가구용 쇠못을 박아 직접 장식해버렸다. 쇠못을 일정한 간격으로 맞춰 박는 게 좀 힘들었지만, 결과물은 대만족이다! 스웨덴에 마련한 새집에 어울리는 나만의 가구가 완성되었으니 말이다.

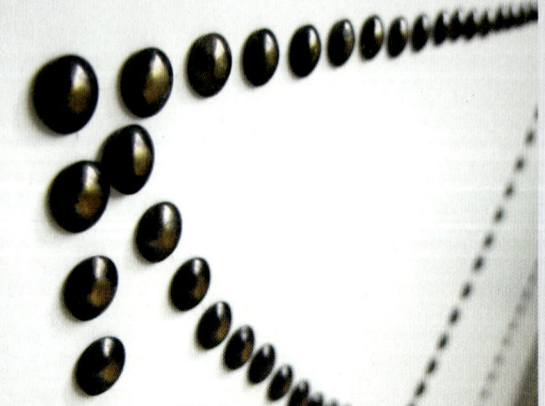

1
수납장에서 문짝을 떼어낸 뒤 가로세로 길이를 잰다. 그리고 문짝의 크기에 맞춰 종이를 자르고, 종이에 원하는 패턴을 스케치한다.

2
문짝에 다이아몬드 패턴을 그렸는데, 간격을 맞추기 위해 종이를 반으로 접은 다음 다시 펴서 작업했다. 패턴을 그릴 때는 자와 연필을 사용해 정확히 그려야 한다.

3

스케치 위에 자를 이용해 일정한 간격으로 점을 찍는다. 시간이 걸리는 작업이지만, 나중에 균일한 패턴의 결과물을 보면 보람을 느낄 수 있으므로 꼼꼼히 하자. 물론, 자신이 있는 사람이라면 본인의 눈대중을 믿어보아도 좋으며, 무늬본을 사서 사용해도 좋다.

4

문짝에 스케치한 종이를 올리고 송곳과 망치를 이용해 점을 따라 작은 홈을 낸다. 그래야 나중에 매끄러운 표면 위에 쇠못이 미끄러지지 않고 잘 박힌다. 그다음, 스케치한 종이를 빼고 작은 홈을 따라 쇠못을 세게 박아 넣는다. 가구 제작용 망치가 있으면 더욱 편하다.

5

쇠못을 모두 박았으면 문짝을 달아 완성한다.

"쇠못 장식으로 꿈에 그리던 가구를 갖게 되었다. 고가의 가구처럼 보이지 않는가?"

LP판을 넣은 유리매트 테이블

제니 그림베리
JENNY GRIMBERG

내게는 유리매트가 깔린 평범한 이케아 테이블이 있다. 아마 여러분의 집에도 이런 테이블이 하나씩은 있을 것이다.

그러던 어느 날, 이 평범한 테이블의 잠재적 매력을 이끌어낼 아이디어가 번뜩 떠올랐다! 방법은 쉽다. 사진에 보이는 것처럼 LP판을 유리매트 아래에 끼우는 것이다. 음악은 내 삶이기 때문에 나는 내 보물을 드러내고 싶었다. 그리고 순식간에 내 테이블은 나만의 개성과 취향을 반영한 멋진 테이블로 탈바꿈했다!

가끔은 유리매트 아래에 사진을 넣어 장식하기도 한다. 사진을 벽에 걸려면 구멍을 뚫어야 하는데 유리매트 아래에 사진을 넣으면 벽에 구멍을 뚫을 필요가 없다. 또 말린 장미나 명언이 적힌 작은 헝겊을 깔아도 좋다. 로맨틱한 분위기를 내야 할 때 시도해보길 바란다. 크리스마스 시즌에는 크리스마스카드를 깔아놓으면 돈을 들이지 않고 크리스마스 장식을 할 수 있으니 나 같은 학생한테는 유용한 방법이다. 카드를 냉장고 문에 붙여놓으면 냉장고를 여닫을 때마다 카드가 떨어지는데, 유리매트 아래에 깔아놓으면 많은 카드를 손쉽게 처리할 수 있으니 일석이조! 모두가 이렇게 말하지 않는가? 상상력에는 한계가 없다.

준비물
재료
• 이케아 테이블
• LP판

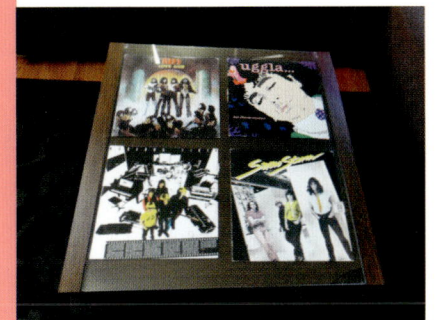

▲ 유리매트 밑에 개인적인 물건을 깔아놓으면 평범한 테이블이 나만의 개성 있는 테이블로 변한다.

"비슷한 가구를 가지고 있는 사람은 많다.
그러나 조금만 상상하면 남들과는
전혀 다른 가구를 가질 수 있다."

커버링으로 소파에 새 옷을 입히다

리자 브레달
LISA BREDAHL

TIP

커버링에 관심이 있다면
시중에 판매되는 책을 참고하자.
커버링이나 가구 리폼을 돕는
초보자용 책은 쉽게 구할 수 있다.
또한, 공방에서 특별 강좌 형식으로
가르쳐주는 곳도 있으니 참고하자.

리자 브레달은 오래된 가구를 리폼하는 회사인 『스멜카라멜 *SMALLKARAMELL*』을 운영하며, 존스레드에 있는 자신의 작업실에서 직접 가구를 리폼하고, 소파에 커버링하는 일을 하고 있다.

'스멜카라멜'이란, 양 끝을 잡아당기면 소리를 내며 터지는 과자 '크래커 봉봉'에서 따온 이름으로, 이름처럼 가구를 알록달록하고 예쁘게 리폼하는 것으로 유명하다. 그래서 그녀의 회사에는 분홍색 수가 놓인 패브릭 벽지와 알록달록한 전등갓, 경쾌하고 선명한 색상을 배합한 리폼 가구들이 즐비하며, 벽에는 『까멩고 *CAMENGO*』와 『까사망스 *CASAMANCE*』의 멋진 원단 견본과 다양한 원단 롤이 진열해 있고, 쇼윈도에는 터키블루의 비단 커버를 씌운 긴 의자가 놓여 있다. 마치 창작을 위한 오아시스처럼 말이다!

리자는 싫증이 나서 버려진 가구나 헌 가구를 완전히 새로운 가구로 탈바꿈시키기도 하고, 이케아의 가구를 완전히 다른 가구처럼 만들어버리기도 한다. "저는 '재활용'과 '저비용'에 가치를 두고 작업해요. 그래서 우리 가구는 누구나 사용할 수 있도록 저렴하지요. 제가 만드는 건 고급 취향의 오뜨 꾸뛰르 *HAUTE COUTURE*가 아니라 누구나 가질 수 있는 평범한 가구랍니다."

리자가 정식 교육을 받고 일하는 것은 아니다. 커버링 또한 독학으로 터득했다. "제가 하는 작업은 기존의 완제품 가구에 새 옷을 입히는 것뿐이에요. 그냥 가구를 더 멋지게 꾸미는 거죠. 특히, 이케아의 소파나 암체어는 비교적 간단하면서도 다양하게 꾸밀 수 있어 좋아요."

리자는 누군가 버리고 싶어 하는 가구에 유독 애착을 갖는다. 커버링을 통한 가구 재사용이 결과적으로 환경보호에 이바지한다고 생각하기 때문이다. 그래서 매년 수익의 일부를 '세계자연기금 *WWF*'에 기부하며 자신의 사업 목적에 대해 되새기고는 한다.

▲ 이케아 가구는 다른 가구보다 커버링이 수월하다. 단순하고 규격화되어 있기 때문이다.
곡선이 아름다운 이 로코코 스타일의 암체어는 「스멜카라멜」의 베스트셀러이다.

"싫증 나고 헌 가구를 완전히 새로운, 독자적인 가구로 만드는 것이 그녀의 목표이다. 사람들이 익히 알고 있는 이케아 가구 또한 전혀 다른 형태의 가구로 재탄생한다."

그녀가 최근에 작업한 제품은 연두색 커버를 씌운 이케아 암체어이다. "저는 연두색을 가장 좋아해요. 밝고 생명력 넘치는 이미지가 연상되거든요. 쿠션은 양면을 사용할 수 있도록 위아래를 다른 색으로 배색했어요. 한쪽은 핫핑크의 물방울무늬 원단을 사용하고, 한쪽은 수수한 줄무늬 원단을 사용했지요. 취향이나 기분에 따라 바꿔 쓸 수 있어요."

▲ 화려한 색상은 『스멜카라멜』만의 특징이다.

또한, 그녀는 일반 가구뿐 아니라, 강아지 침대와 상자, 여행용 트렁크 등의 소품도 리폼한다. 단, 그녀가 리폼 의뢰를 받을 때는 한 가지 조건이 있는데, 바로 '색상이 화려해야 한다는 것'이다.

"베이지색이나 검은색 같은 무채색은 취급하지 않아요. 너무 평범하고 질리거든요. 저는 가구도 쿠키나 케이크 위에 뿌려진 알록달록한 설탕처럼 통통 튀는 장식처럼 보였으면 좋겠어요. 그리고 개인적으로 화려한 색상으로 작업하는 걸 좋아해요. 환상적인 일처럼 느껴지니까요."

그녀는 가구를 리폼하는 사업을 하고 있지만, 사람들에게 직접 리폼해볼 것을 권하기도 한다. 모든 사람이 재활용과 환경보호에 관심을 가졌으면 하기 때문이다. "커버링부터 시작해보세요. 스테이플 건과 글루건 정도만 있어도 가장자리에 예쁜 띠를 두를 수 있지요. 매우 간단해요."

"환경보호는 간단한 것부터 시작할 수 있다.
지금 당장 마음에 드는 천을 사서 가구에 입혀라."

▲ 스테이플 건과 드라이버,
글루건만 있으면 이미 작업은 시작된 것이다.

낡은 서랍장의 변신

린네아 라손
LINNEA LARSSON

준비물

재료
- 이케아 말름 서랍장
- 도배용 풀
- 벽지
- 손잡이

공구
- 드릴
- 사포
- 커터 칼

이케아의 '말름 서랍장'은 수납 공간이 넉넉해 늘 잘 사용하고 있는 가구이다. 그러나 원목가구가 그렇듯이 오래 사용하다 보면 싫증이 나기 마련이다. 그래서 나는 쓰다가 남은 벽지와 손잡이로 서랍장을 리폼하기 시작했다.

우선 서랍장을 깨끗이 닦고, 사포로 서랍 앞면을 고르게 문지른 뒤 손잡이 달 구멍을 뚫고 젖은 수건으로 한 번 더 닦았다. 그리고 도배용 풀을 서랍 앞면에 넓게 펴 바르고, 벽지를 붙였다. 이때, 모퉁이 부분에는 풀을 꼼꼼히 발라야 벽지가 떨어지지 않으므로 주의하자. 그리고 벽지를 평평하게 쓸어 기포가 생기지 않게 하고, 튀어나온 곳은 커터 칼로 잘라낸다. 벽지가 마르면 손잡이를 달아 완성!

간단한 아이디어로 탄생한 트레이테이블

레베카 헤도비스트
REBECCA HEDOVIST

나는 거실을 꾸미면서 예쁜 트레이테이블을 놓고 싶었다. 그러나 마음에 드는 트레이테이블은 대부분 너무 비쌌다. 그러다가 내 시선을 사로잡은 제품이 바로 이케아의 '스톡홀름 블라드 트레이'와 '후텐 와인 렉'이었다. 두 제품을 조립하면 멋진 트레이테이블이 될 것 같았다.

우선, 와인 렉은 중간 선반을 빼고 조립했다. 그리고 검은색 래커로 두세 겹 정도 얇게 칠하고, 그 위에 양면테이프를 이용해 트레이를 붙였다. 이렇게 저렴한 버전의 트레이테이블 완성! 트레이 밑에 잡지 등을 보관할 수 있어서 더욱 유용하다.

준비물

재료
- 이케아 스톡홀름 블라드 트레이
- 이케아 후텐 와인 렉
- 래커
- 양면테이프

공구
- 붓

아름다운 무늬의 우윳빛 장식장

비르기타 베르너
BIRGITTA WERNER

준비물

재료
- 이케아 장식장
- 마스킹테이프
- 스프레이형 래커
- 페인트

공구
- 붓

TIP

나뭇잎과 같은 도안은 공예 전문점에
서도 구할 수 있다.
다양한 무늬가 있으니 마음에 드는
것으로 고르자.

집을 수리하고 나니, 나의 체리목 장식장은 더 이상 실내 분위기와 어울리지 않았다.
하지만 내 유리잔 컬렉션을 완벽히 수납할 수 있는 장은 이 체리목 장식장밖에 없어
과감하게 리폼을 결정했다.

우선 모든 선반을 떼어내고 장식장의 몸통을 깨끗이 닦은 뒤 흰색 페인트를 여러 겹
덧발랐다. 그리고 유리문의 프레임에도 흰색 페인트를 발랐다.

그다음, 나뭇잎 모티브를 종이에 그린 뒤 유리문에 자유롭게 붙이고 주변에 마스킹
테이프를 붙여서 테두리를 만들었다. 그리고 유백색의 스프레이형 래커를 뿌려 유리
를 우윳빛으로 코팅했다. 래커가 마른 뒤 마스킹테이프와 나뭇잎 모티브를 떼어내
자 멋진 우윳빛 장식장 완성! 무늬 덕분에 장식장 안의 먼지가 잘 보이지 않아서 더
마음에 든다. 이제 이 장식장은 우리집 복도에서 눈길을 끄는 가구가 되었다.

▲ 유리잔을 완벽히 수납한
리폼 전의 체리목 장식장.

TV장으로 변신한 오래된 사이드보드

레베카 헤도비스트
REBECCA HEDQVIST

준비물

재료
- 이케아 비우르스타 사이드보드
- 스프레이형 래커
- 스프레이형 페인트
- 프라이머

공구
- 붓
- 사포

2년 전 새집으로 이사하면서 인터넷 중고시장에서 마련한 이케아의 '비우르스타 사이드보드'는 사실 떡갈나무 색도 지겹고 디자인도 단조로워 싫증이 난 지 오래였다. 당장 새로운 가구를 사고 싶을 정도였다. 그러나 이 사이드보드를 흰색으로 리폼하면 당분간은 사용해도 괜찮을 것 같아 실행에 옮겼다.

그러나 과정이 쉽지는 않았다. 손잡이를 새로 샀는데 규격이 맞지 않았던 것이다. 잠깐만 리폼해 쓸 예정이었는데 구멍까지 막아가며 작업하고 싶지는 않아 깨끗이 포기했다. 게다가 기존의 알루미늄 손잡이에 칠할 무광 흰색 스프레이형 페인트도 인근에서 모두 품절이었다. 보아하니 모든 DIY족들이 이 색상을 노린 것 같다.

그래도 스프레이를 구해 손잡이 색을 바꾸고 본체도 흰색으로 칠해 리폼에 성공했다. 물론, 벼룩시장에서 다른 TV장을 사서 리폼하는 것이 제일 좋았겠지만. 마음에 쏙 드는 장을 찾기 전까지는 지금 이 장으로도 충분하다. 어쨌든 흰색 장으로 변신했으니 말이다.

"원래는 다른 손잡이를 달려고 했는데
손잡이를 달 구멍의 간격이 규격에 맞지 않았다.
임시로 쓸 예정이라 과감히 포기하고 페인트로 색만 바꾸었다."

▲ 리폼 전의 사이드보드.

1

가구 표면을 깨끗이 닦고 고운 사포로 가볍게 문지른 뒤, 나사못을 풀어 서랍과 선반을 분리한다.

2

무늬목과 인조목은 꼼꼼한 사전 작업이 필요하다. 먼저 애벌칠용 래커를 두 겹으로 칠한 다음 목재용 흰색 래커로 안쪽과 바깥쪽을 서너 겹으로 칠한다. 기포가 생기면 바로 붓으로 쓸어 없애고, 그 위에 다시 덧칠하자.

3

손잡이는 스프레이형 래커로 애벌칠한 다음, 무광 흰색 스프레이형 페인트를 덧칠한다. 그래야 페인트가 오래간다.

▲ 가구 표면을 견고하게 만들기 위해 페인트를 서너 겹 덧칠했다.

거실의 변신

사라 니렌

SARA NYHLÉN

준비물

재료
- 이케아 책장
- 목재
- 손잡이
- 페인트
- 필러

공구
- 붓
- 사포
- 필러 주걱

스웨덴의 인터넷 사이트 「스타일룸 www.styleroom.se」에는 많은 사람이 익명으로 자신의 인테리어를 선보인다. 사라 니렌 또한 이 사이트에 자신의 인테리어 프로젝트를 선보이는 사람들 가운데 한 명으로, 그녀의 깔끔하고 재기 넘치는 인테리어는 많은 사람에게 영감을 주었다.

사이드보드와 TV장으로 변신한 책장

사라는 오래전부터 사용하던 이케아의 너도밤나무 책장을 완전히 다른 스타일로 리폼했다. 어릴 때부터 사용해서 애착은 있었지만, 색이 마음에 들지 않았던 데다가 너무 커서 공간을 많이 차지했기 때문이다. 그래서 사라는 책장을 분리해 아랫부분은 TV장으로 만들고, 윗부분은 사이드보드로 만들었다.

작업 방식은 다음과 같다. 먼저 책장을 분리하고 가성 소다로 꼼꼼히 닦은 뒤, 손잡이가 달려 있던 모든 구멍을 막고, 사포로 표면 전체를 매끄럽게 다듬는다. 그리고 애벌칠 후 흰색 무광 페인트를 칠하고, 서랍마다 은색 약장 손잡이를 달아 포인트를 주어 마무리한다.

그러나 사라는 여기서 멈추지 않았다. 좀 더 근사한 외관을 위해 가구의 바닥에 받침대를 만들기로 한 것이다. 받침대는 정교하게 연마한 실내용 목재를 구해 직접 만들었는데, 하얀 가구를 더욱 고급스럽게 보이게 하는 효과가 있어 매우 만족스럽다.

▲ 리폼 전의 책장.

▲ 받침대 아이디어는 고가의 디자이너 가구를 보고 얻었다.

커버링으로 재탄생한 암체어

그녀는 가지고 있던 '욀란드 의자'도 커버링했다. 색이 바래고 마모된 데다가 프레임에도 여기저기 긁힌 자국이 많았기 때문이다.

먼저 프레임의 표면을 사포로 다듬은 뒤, 프라이머로 애벌칠하고, 검은색 래커로 색을 입혔다. 그리고 색이 바랜 남색 커버를 제거한 뒤 리넨 소재의 커버를 씌우면 완성. 리넨 소재를 선택한 이유는 섬유가 굵고 질겨서 형태가 오래가기 때문이다. 여기에 직접 바느질해서 만든 별무늬 쿠션을 올렸더니 더욱 아늑해 보인다.

▼ 리폼 전의 의자.

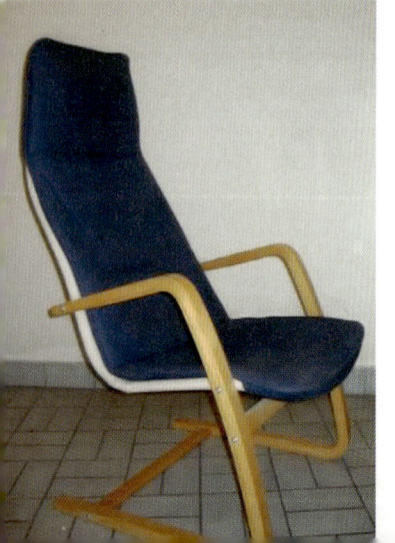

준비물
재료
• 이케아 욀란드 의자
• 래커
• 리넨
• 프라이머
공구
• 붓
• 사포
• 재봉틀

방수포를 붙인 테이블

사라는 이케아의 스테디셀러인 '라크 테이블' 또한 잘 사용하고 있다. 그러나 단색인 것이 마음에 들지 않아 나뭇결무늬 방수포를 붙여 리폼했다. 흰색 사이드보드와 완벽하게 어울리는 테이블 탄생!

방수포는 값이 싸고, 접착제와 스테이플 건만 있으면 쉽게 고정할 수 있으니 도전해 보자.

준비물

재료
- 이케아 라크 테이블
- 방수포
- 접착제

공구
- 스테이플 건

TIP

방수포의 무늬와 색은 매우 다양하다. 취향에 맞게 고르자.
방수포는 오염에 강해 테이블에 붙이면 관리가 쉽다.

그래픽 서랍장

엘리자베스 둥커
ELISABETH DUNKER

예술가이자 그래픽 전문가인 엘리자베스 둥커는 '큰 변화를 가져올 아주 간단한 방법'으로 서랍장 리폼을 결정했다. 바로 데코 시트지를 붙이는 방법으로!

데코 시트지는 공예 전문점에서 롤 묶음으로 구입할 수 있는데, DIY에 최상의 재료임이 틀림없다. 비닐 소재여서 저렴하고, 수정이 쉽기 때문이다.

재단할 때는 뒷면에 프린트된 격자를 기준으로 해 원하는 모티브를 그린 다음 커터 칼로 자르자. 그리고 원하는 위치에 시트지를 붙이기만 하면 끝. 수정하고 싶을 땐 그냥 떼었다 다시 붙이면 된다.

"저렴하고 수정이 쉬운 데코 시트지는 DIY에 가장 좋은 재료이다."

우아한 몰딩 서랍장

토마스 레나르트손
THOMAS LENNARTSSON

스웨덴의 작은 시골 마을에 사는 예술가 토마스 레나르트손은 풍부한 상상력을 통한 유화나 조각을 즐긴다. 이런 그에게 시중에서 미적 감각이 풍부하게 표현된 가구를 찾기란 쉬운 일이 아니다. 그래서 그는 직접 가구를 제작하거나 기존의 가구를 리폼해 사용하는 것을 선호하는데, 이번에 소개할 프로젝트는 우아하고 독특하게 변형한 이케아의 '말름 서랍장'이다. '백조 목' 몰딩을 이용해 탁월한 미적 감각을 표현한 서랍장을 만나보자.

1
월넛브라운 색상의 말름 서랍장을 고운 사포로 문질러서 표면을 매끄럽게 다듬는다. 그래야 접착제와 페인트가 오래 간다.

2
몰딩을 알맞은 크기로 자르고, 서랍의 모서리에 붙일 몰딩은 약간 비스듬하게 자른다. 약간 비스듬하게 자른다는 의미는 이웃한 몰딩과 잘 결합할 수 있도록 몰딩을 일정 각도에 맞춰 절단한다는 뜻이다. 예를 들어 모서리가 90도라면 몰딩 2개를 45도 각도도 잘라야 한다. 그리고 목재용 아교를 이용해 몰딩을 붙이고 핀 펀치로 못을 박는다.

3

이제 세련된 곡선형의 서랍장 덮개를 만들
차례이다. 먼저 서랍장의 윗면보다 너비가
4cm 큰 MDF 목판을 올린다. 아랫부분에 배
치한 몰딩의 너비가 4cm이기 때문에 윗부
분도 4cm로 맞추는 것이다.
그리고 라우터로 MDF 목판을 원하는 모양
으로 깎고, 목재용 아교와 목재용 나사로 목
판을 고정한다.

4

MDF 목판 아래의 사방이 어느 정도 돌출되도
록 몰딩을 단다. 이 부분에 다는 몰딩은 백조
의 목처럼 구부러진 형태라 해서 '백조 목'
이라는 이름으로 불린다.
달 때는 비스듬하게 절단하여 목재용 아교와
쇠못으로 고정한다.

5

마찬가지로 받침대에도 비스듬히 절단한 '백
조의 목' 몰딩을 사용하며, 목재용 아교와 쇠
못으로 고정한다.

6

모든 쇠못과 나사 구멍에 필러를 채우고 사
포로 문질러서 매끄럽게 다듬는다.

7

서랍장을 애벌칠한 다음 광택을 내는 목재용
래커로 두세 겹 덧칠해 마무리한다.
원한다면 손잡이를 달아도 좋다. 공구 전문
점에 가면 모든 재료를 쉽게 구할 수 있다.

레트로 스타일 책장

켈리 안더슨
KELLY ANDERSON

준비물

재료
- 이케아 엑스페디트 책장
- 벽지
- 접착제
- 접착테이프
- 플라스틱판

캐나다 출신의 캘리는 간단하지만 큰 효과를 내는 방법에 대해 고민하다가 책장 리폼을 선택했다. 그녀는 자신의 프로젝트에 대해 다음과 같이 이야기한다.

"저는 가구를 이것저것 사지 않아요. 쉽게 리폼할 수 있고 내구성이 강하며, 유행에 민감하지 않은 가구를 장만해 제 쓰임새에 맞게 변형해 사용하지요. 예를 들면, 저는 흑갈색 엑스페디트 책장을 TV장으로 써요.

그러던 어느 날, 저는 TV장을 새로 사고, 거실에 제대로 된 책장을 들이고 싶어졌어요. 그래서 생각한 것이 TV장으로 쓰고 있는 엑스페디트 책장을 다시 번듯한 책장으로 리폼하는 것이었죠. 진한 흑갈색 본체도 마음에 들뿐만 아니라 안쪽 선반을 새로 칠하고 뒤판만 대면 멋질 것 같았거든요.

우선 뒤판은 플라스틱판을 크기에 맞게 잘라서 적찹제를 바른 뒤 벽지를 붙여 만들었어요. 그리고 검은색 접착테이프를 이용해 책장 뒤에 고정했지요. 여기에 원하는 칸마다 라탄 바구니를 넣으니 근사한 분위기의 레트로 스타일 책장이 완성되었답니다.

플라스틱판이 없다면 합판이나 목판을 사용해도 괜찮아요. 벽지를 붙이고 충분히 말리기만 하면 압핀으로도 고정할 수 있어요."

인더스트리얼 스타일 서랍장

켈리 안더손
KELLY ANDERSON

캘리는 거친 느낌의 인더스트리얼 스타일의 가구를 매우 좋아하는데, 이런 스타일의 가구는 중고라고 해도 가격이 매우 비싸다. 그래서 이케아의 초특가 코너에서 '라스트 서랍장'을 발견했을 때 기쁠 수밖에 없었다. 서랍장 윗부분에 살짝 긁힌 자국은 있었지만 딱 평소에 원하는 외관이었기 때문이다. 그녀는 이 서랍장에 새로 칠을 하고 손잡이를 달기로 했다. 작업은 매우 간단하다.

"먼저 인더스트리얼 스타일에 잘 어울리는 『트렘클라드 TREMCLAD』의 검은색 유광 페인트로 서랍장을 두 번 칠했어요. 그다음, 라벨지를 끼워 넣을 수 있는 창이 달린 조개 모양 손잡이를 달고, 종이로 라벨지를 만들어서 문구를 적은 후 창에 끼우면 완성!

모든 과정이 아주 수월했어요. 결과물도 만족스럽고 시간이 나면 서랍 안쪽도 칠을 할 생각이에요."

준비물

재료
• 이케아 라스트 서랍장
• 손잡이
• 종이
• 페인트

공구
• 붓

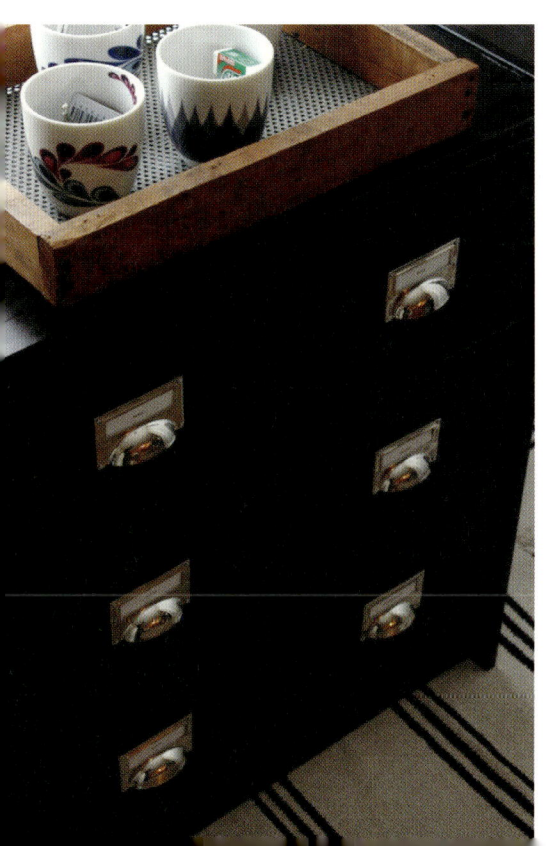

가구에 새로운 삶을 불어넣다

밈미 슈타프
MIMMI STAAF

가구제작자 밈미 슈타프는 스웨덴 곳곳의 벼룩시장이나 경매에서 구입한 옛 가구를 리폼한다. 물론, 이케아 가구도 예외는 아니다. 특히, 사진 속 격자무늬 철제 의자는 밈미가 가장 좋아하는 이케아 제품으로, 자동차 도색 전문가인 삼촌의 도움을 받아 파스텔 색상의 자동차용 래커를 사용해 리폼했다.

"물론 전문 공방에 가면 더 깔끔하게 도색할 수 있어요. 색도 더 다양하고요. 그래서 저도 금속 소재의 가구나 소품은 공방에 맡길 때가 많아요. 언제나 최고의 결과물이 나오지요."

사실 밈미는 이 철제 의자가 이케아 제품인 것을 알지 못했다고 한다. 출시된 지 너무 오래되어 확인할 길이 없었기 때문이다. 그러다가 우연히 이케아 고객서비스를 통해 만난 이케아의 전 직원에게서 제품의 정보를 듣게 되었다.

"그 직원에게 의자 사진을 메일로 보냈더니 곧바로 알아보더군요. 심지어 모델명과 디자이너 이름까지 기억하고 있었어요. 이 의자는 디자이너 닐스 감멜가드*가 1983년에 출시한 '예르펜'이라는 모델이었어요. 당시에는 커버를 제외한 가격이 129크로나에 불과했다고 해요."

그 뒤로 밈미는 이 철제 의자를 보면 무조건 사들이기 시작했고, 몇 년 전부터는 아예 수집하고 있다.

"저한테 있는 예르펜 의자는 모두 검은색과 흰색이에요. 그런데 한 고객이 자신에게 빨간색 의자가 있었다고 하더군요. 아쉽게도 증거는 없어요. 저는 이 의자를 보통 스몰란드의 경매 시장이나, 인터넷에서 구입하는데, 요즘 이 의자가 다시 인기를 얻는 것 같아요. 스타일 면에서 고전적인 '다이아몬드 의자'를 연상시키기 때문이 아닐까 생각합니다."

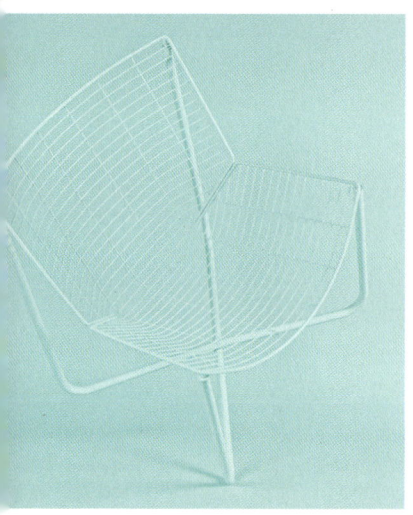

▲ 흰색과 터키색, 핑크색으로 래커칠한 예르펜 의자.

* 닐스 감멜가드는 예르펜 의자에 대해 다음과 같이 이야기한다 :
"예르펜 의자 제작은 획기적인 프로젝트였어요. 당시 이케아의 설립자인 잉바르 캄프라드는 이 세상에서
가장 저렴한 암체어를 만들 계획을 세우고 있었죠. 그때 제가 생각해낸 방식은 가로가 긴 직사각형의
철제 격자를 대량으로 제작하는 것이었어요. 이렇게 하면 편안한 의자를 만들 수 있을뿐더러, 세로
격자의 수를 줄일 수 있어 비용을 절감할 수 있거든요. 그래서 철제 격자를 주형에 눌러 대량으로
만든 뒤 U자형 금속 파이프 2개로 이루어진 받침대에 올렸죠. 또 받침대 끝에는 플라스틱 마개가 있어
별다른 공구 없이도 얼마든지 의자를 조립할 수 있었어요. 물론 이 의자가 정식 암체어는 아니에요.
그러나 쿠션과 담요, 양피 등으로 얼마든지 안락하게 만들 수 있는 골조였습니다.
사실 당시 이케아 사장이었던 한스 악스는 예르펜 의자를 매우 혐오스럽고 고객을 조롱하는 제품이라고
생각했어요. 하지만 이 의자는 이탈리아에서 매주 약 400개씩 생산할 정도로 성공을 거두었고, 결국
13~19세 청소년방에 입성하게 되었죠."

밈미는 2012년 초, 수공예 아카데미에서 실내 인테리어 과정을 수료한 뒤, 바로 스톡홀름에 자신의 숍을 열었다. 주로 오래된 가구를 리폼하고 콘셉트를 설정한 뒤, 그 콘셉트에 맞는 다른 인테리어 제품을 함께 판매하는데, 수강생과 함께 소품을 만들기도 한다. "초보자도 얼마든지 원하는 작품을 만들 수 있어요. 개인적으로는 수강생을 통해서도 많은 아이디어와 영감을 떠올릴 수 있어 보람되지요."

또한, 그녀는 시간이 날 때마다 리폼을 위한 가구를 물색한다. "어떤 특정한 스타일을 원하는 건 아니에요. 때로는 로코코 소파에 마음이 끌릴 때도 있고, 깔끔한 라인의 단순한 가구가 끌릴 때도 있어요. 그리고 이케아 가구는 주로 벼룩시장에서 구입해요. 제 눈에는 예전 모델이 훨씬 품질이 좋아 보이더군요. 적어도 제가 원하는 목적에는 적합해요. 현대식 재료로 만든 가구는 대체로 리폼하기가 어렵거든요. 그래서 저는 벼룩시장에 무늬목의 이케아 가구가 나오면 반드시 구입해요. 이를테면 티크 무늬목 서랍장은 표면을 사포로 갈고 구멍을 필러로 막으면 도료를 칠하기가 훨씬 수월하죠. 이케아의 옛날식 등받이 의자도 리폼에 적합해서 이제는 중고시장에서 많은 사람이 탐내는 대상이 되었어요."

TIP

밈미는 주로 다양한 인터넷 사이트를 통해서 영감을 얻는다. 인테리어 애호가들의 블로그부터 무수한 팁을 제공하는 사이트까지! 최근에는 인터넷을 통해 데코 시트지를 이용한 리폼 방법도 마스터했다. 밈미는 가장 쉽게 정보를 얻을 수 있는 인터넷을 적극적으로 사용할 것을 권한다.

또한, 밈미는 약간의 솜씨만 있으면 초보자도 수십 년 사용할 수 있는 가구를 만들 수 있다고 말한다. 물론 전문 공방에 의뢰하면 내구성과 품질이 뛰어난 제품을 만들 수 있겠지만, 도색이나 커버링, 쿠션을 넣는 정도라면 작업 방식과 재료에 대한 약간의 지식만 있으면 얼마든지 도전해볼 수 있다.

그녀는 리폼을 시작하기 전에 색상과 디테일, 재료, 작업 기술에 이르기까지의 계획을 철저히 세운다. 그리고 작업을 진행하면서 무궁무진했던 아이디어를 덜어내며 비교적 간결한 결과물을 만들어낸다. "저는 색채학과 같은 미술에 대한 이론을 공부하지는 않았어요. 그저 느낌이나 기호에 따라 결정하죠. 제가 중요하게 생각하는 것은 '조화'예요. 그래서 처음에 생각했던 형태보다 단순한 결과물이 탄생하죠. 그래도 모든 작품이 특별해요. 제 모토는 '간결한 것이 더 아름답다'입니다."

실내 인테리어 수업을 들을 때 가장 놀란 점은 모든 사람이 작업에 서툴다는 점이었다. 그러나 그녀는 오히려 이 점에 리폼 작업의 장점이라고 말한다. "리폼에는 정답이 없어요. 가구마다 제작 방식과 구성이 다르죠. 또 전혀 리폼에는 어울리지 않는 가구를 만날 때는 엄청난 상상력을 발휘해야 해요. 하지만 이렇게 작업을 하다보면 언젠가는 위대한 경험이라는 보물을 사용할 날이 올 거라고 생각합니다."

"저처럼 컬러풀한 색을 좋아하는 사람은
자제심을 갖고 가구를 과하지 않고 깔끔하게 꾸며야 해요.
그래야 주변 사물과도 잘 어울리는 가구를 완성할 수 있어요."

침실
+
Bedroom

옷장으로 변신한 주방 수납장

헬레네 랑보리
HELENE LANGBORG

헬레네는 오래전부터 다락방의 비스듬한 한쪽 벽면에 놓을 수납장을 찾고 있었다. 이 수납장에 침대 시트나 수건, 계절 옷가지 등을 보관할 계획이었다. 그러다가 헬레네는 번뜩이는 아이디어를 떠올렸다! 바로 주방 수납장을 개조하는 것이다.

결과는 만족스러웠다. 앞으로 이곳에 수납장을 더 들일 생각이다. 수납 공간은 아무리 많아도 부족하게 느껴지니 말이다.

1
바닥에 걸레받이 2개를 설치한다.

2
걸레받이 위에 팍툼 수납장 프레임을 올리고 조립한다. 가구 조립 설명서를 참고하자.

3
그다음 넥서스 서랍을 장착하고 내용물을 채운다.

준비물

재료
- 이케아 넥서스 서랍
- 이케아 누메라 작업대
- 이케아 티다 손잡이
- 이케아 팍톰 수납장
- 목재용 오일

4
두께 38mm의 무게감이 있는 너도밤나무 원목의 누메라 작업대를 올리고 목재용 오일을
칠한다. 이 작업대는 126cm, 186cm, 246cm의 길이로 구입할 수 있으며, 떡갈나무 목과
인조목으로 구입할 수 있다.

5
손잡이는 스테인리스 소재의 티다 손잡이를
달았다.

손잡이에 포인트를 준 깔끔한 옷장

레베카 헤도비스트
REBECCA HEDQVIST

새 옷장이 필요해서 여기저기 돌아다녀 봤지만, 천장이 낮은 우리 집에 딱 맞는 옷장을 찾기가 쉽지 않았다. 그러다가 한 중고 매장에서 이케아의 '렉스빅 옷장'을 발견했다. 우리가 원하는 스타일은 아니었으나 사이즈가 잘 맞아 바로 구입했다. 디자인은 원하는 대로 리폼하면 될 일이었다.

우리는 렉스빅 옷장을 흰색으로 바꾸고 손잡이에 디테일을 주었다. 덕분에 이 옷장은 우리 침실에서 가장 사랑스러운 가구가 되었다.

TIP

손잡이만 바꾸어도 가구의 이미지가 달라진다.
손잡이에 포인트를 주어 멋스러우면서도 눈에 띄게 리폼해보자.

1

옷장을 깨끗이 닦고 고운 사포로 표면을 매끄럽게 다듬는다.

2

문과 손잡이, 서랍, 선반, 옷걸이 봉을 해체하여 꺼낸다.

3

뚫려 있는 손잡이 구멍을 필러로 메우고 말린 후 울퉁불퉁한 표면을 사포로 다듬는다.

4

옷장을 프라이머로 애벌칠하고 잘 말린 후 적당히 광택이 나는 흰색 목재용 라크를 옷장의 겉쪽과 안쪽에 서너 겹 덧바른다. 그리고 모서리 부분은 기포가 생기지 않도록 조심하자. 붓으로 래커를 아주 얇게 바르면 기포가 생기는 현상을 막을 수 있다.

5

칠이 다 마르면. 옷장 문에는 단추 모양 손잡이를, 서랍에는 조개 모양 손잡이를 단다. 나비무늬 장식은 인터넷에서 구입했다.

6

드디어 옷장이 완성되었다. 직접 만든 작은 장식 술을 옷장 손잡이에 매달아 포인트를 주었다.

은은한 빛의 침대 협탁

아네테 바우어
JEANETTE BAUER

준비물

재료
- 이케아 협탁
- 래커
- 손잡이

공구
- 롤러 붓
- 붓
- 사포

나는 흰색 가구를 보면 두 가지 마음이 든다. 바로 순수한 흰색을 그대로 즐기고 싶은 마음과 포인트를 줘서 화려하게 꾸미고 싶은 마음이다. 어쨌든 흰색 가구는 유행을 타지 않을 뿐만 아니라, 대부분의 가구와도 잘 어울리며, 색만 살짝 가미해도 쉽게 변화를 줄 수 있다는 장점이 있다.

나는 지금 회색이 끌리는 '회색 주기'여서 침실 벽과 서랍장, 침대 프레임, 액자 몇 개를 회색으로 칠한 상태이다. 그래서 흰색이던 이케아의 침대 협탁도 회색으로 바꾸기로 했다.

먼저 협탁의 표면을 사포로 매끄럽게 다듬은 후 목재용 래커를 두 겹으로 칠했다. 이때 모서리와 가장자리는 일반 붓을 사용하고 나머지 부분은 롤러 붓을 사용했다. 그러나 막상 회색으로 바꾸고 보니 조금 밋밋한 감이 있어 '손잡이를 교체하면 어떨까?'라는 생각이 들었다. 그래서 도자기 소재의 주황색 손잡이를 구해 달았더니 포인트가 되면서도 주변 가구와도 잘 어울리는 침대 협탁이 완성되었다.

"흰색 가구는 색을 살짝만 가미해도
쉽게 변화를 줄 수 있다는 장점이 있다."

▲ 리폼 전의 침대 협탁.

엘리건트 스타일 옷장

헬레나 & 에릭 포스베리
HELENA & ERIK FORSBERG

준비물

재료
- 이케아 팍스 옷장
- 래커
- 몰딩
- 석고와 석고 주형
- 접착제
- 페인트
- 프라이머

공구
- 드라이버
- 붓

헬싱보리에 사는 헬레나와 에릭은 침실의 클래식한 벽지와 어울리는 스타일의 옷장을 찾다가 경매를 통해 이케아의 '팍스 옷장'을 단돈 70유로에 구입해 리폼했다. 헬레나는 옷장에 대해 이렇게 이야기한다.

"우리는 품격 있는 매력을 발산하는 옷장을 찾고 있었어요. 그러나 우리가 원하는 스타일의 옷장은 시중에서 찾을 수가 없었죠. 그러다가 경매를 통해 흰색의 깔끔한 팍스 옷장을 구입하게 되었고, 평소 수공예를 즐기는 저는 리폼을 해보기로 마음먹었어요.

우선 DIY 전문 매장에서 몰딩 자재와 페인트를 사고, 벼룩시장에서 흰색의 목재 모티브 장식을 골랐죠. 문짝부터 꾸미기 시작했는데, 이것저것 붙여보았지만 계속 뭔가 부족해 보였어요. 그래서 석고와 석고 주형을 몇 개 더 붙여 풍부한 장식이 들어간 문짝을 완성했어요.

에릭은 옷장 상단에 붙일 몰딩 작업을 맡았어요. 몰딩은 사선으로 잘라야 하는 데다가 사이즈를 이리저리 여러 번 재야 해서 복잡한 작업이었는데, 옷장 3개를 이어 붙여야 해서 더욱 힘들었어요.

옷장과 몰딩을 모두 나사로 연결한 다음에는, 프라이머로 옷장 전체를 애벌칠하고, 반 광택의 흰색 수성 래커를 칠해 색을 입혔어요. 이케아의 현대식 옷장이 우아한 디테일과 그윽한 멋이 가미된 옷장으로 변신하는 순간이었죠."

▲ 석고 장식은 주형을 이용해 직접 만들 수 있다.

매니시 스타일의 침실 꾸미기

헬레네 랑보리
HELENE LANGBORG

준비물

재료
- 이케아 미니 서랍장
- 이케아 분리수거함
- 데코 시트지
- 도배용 풀
- 벽지
- 페인트

공구
- 가위나 커터 칼
- 붓

나는 오래전부터 침대 옆에 협탁을 두고 싶었지만 공간이 좁아 고민스러웠다. 그러다가 작은 분리수거함을 이용하면 딱 맞는 크기의 협탁을 만들 수 있을 것 같아 바로 실행에 옮겼다.

우선 나뭇결무늬의 데코 시트지와 벽에 바르고 남은 벽지, 금색 페인트를 준비했다. 그리고 분리수거함의 윗면에 나뭇결무늬의 데코 시트지를 붙이고 옆면에 벽지를 바른 다음, 손잡이 부분은 금색 페인트를 칠했다. 결과물은 대만족이었다. 좁은 공간에 쏙 들어가는 크기의 협탁 완성. 책이나 휴대전화 충전기를 올려놓으면 편리하다.

1
나뭇결무늬의 데코 시트지와 벽지, 금색 페인트를 준비한다.

2
박스 윗면에 나뭇결무늬의 데코 시트지를 붙이고, 옆면에 침실 벽을 도배하고 남은 벽지를 붙인다. 그리고 손잡이는 금색 페인트로 칠하면 완성.

협탁을 완성한 후에는 싫증이 나서 사용하지 않던 이케아의 미니 서랍장에도
벽지를 붙였다. 서랍 부분도 일일이 가위로 잘라 붙였는데 작업은 좀 힘들었지만,
깔끔하게 완성되어 만족스럽다.

벤치로 변신한 수납 테이블

안드레아스 라손
ANDREAS LARSSON

준비물

재료
- 이케아 홀 사이드 테이블
- 목재용 투명 도료
- 상판 커버
- 안감
- 충전재

공구
- 붓
- 스테이플 건

전혀 손대지 않은 본래 상태의 이케아 가구는 소량의 투명 도료만 발라도 드라마틱한 효과가 난다. 나는 이러한 방법으로 이케아의 아카시아목 수납 테이블인 '홀 사이드 테이블'을 나뭇결이 살아 있는 더 멋있는 가구로 리폼했다.

이 테이블을 리폼한 이유는 안에 물건을 수납할 수 있어 유용하지만, 반대로 안에 있는 내용물이 다 드러나 지저분해 보였기 때문이다. 그래서 안쪽에 천을 덧대 안이 보이지 않게 하고, 상단에 커버를 씌워 벤치로 바꿨다. 집에 꼭 필요했던 가구까지 생겨 일석이조의 효과를 누린 셈이다.

1

테이블을 해체해 도료를 칠할 부분인 테이블 옆면을 거치대 위에 올린다. 나는 투명 도료를 칠해 나뭇결을 더욱 돋보이게 했는데, 검은색 도료를 칠하면 나무의 색을 더 짙어지게 하는 효과를 줄 수 있으니 참고하자. 그리고 구멍을 칠할 때는 꼼꼼하게 칠해야 한다. 단, 뒷면은 검은색 안감을 댈 예정이므로 신경 쓰지 않아도 되며, 상판 또한 나중에 커버를 씌울 예정이므로 색을 칠하지 않아도 된다.

2

테이블 상판에 씌울 커버를 작업대에 펼쳐 놓고 충전재를 올린다. 나는 쓰지 않는 이불을 충전재로 사용했다. 그리고 커버와 충전재를 알맞게 재단해 테이블 상판을 감싼 뒤 가장자리를 테이블 모서리에 접어 넣어 스테이플 건으로 고정한다.

3

칠이 다 마르면 테이블의 옆면 안쪽을 검은색 안감으로 막은 뒤 스테이플 건으로 고정하면 완성.

공간을 넓히는 콤팩트 리빙

로버트 스베드베리
ROBERT SVEDBERG

▲ 꺾쇠는 1t의 무게도 견딜 수 있을 만큼 튼튼하다.

각종 물건으로 집 안이 꽉 차면 공간을 더 활용하기 위한 아이디어가 필요해진다. 숙련된 용접공이자 이층 침대 제작자인 로버트는 딸아이의 좁은 방에 공간을 더 마련해주기 위해 멋진 아이디어를 생각해냈다. 이케아의 '트롬소 침대'를 구입하여 천장 붙박이 침대로 만든 것이다. 그리고 그는 이 아이디어를 기반으로 『콤팩트 리빙 AB COMPACT – LIVING AB』라는 회사를 만들었다.

이 회사가 주력하는 분야는 좁은 실내 공간을 위한 개성적인 해결책을 찾는 것이다. 그래서 그의 설계 또한 공간을 절약하면서도 개성 있는 감각을 추구한다.

로버트는 이케아의 트롬소 침대 리폼을 위해 필요한 부속품을 특수 제작해 DIY 세트를 만들었다. 이 세트 하나만 구입하면 침대를 천장에 붙여 이층 침대로 활용하고 그 아래 공간을 자유롭게 이용할 수 있다.

세트 안에는 침대를 천장에 붙일 수 있도록 특수 제작된 4개의 강철 꺾쇠가 들어 있는데, 100cm와 120cm 두 가지로 제작되어 있으니, 방의 높이에 맞는 것으로 고르면 된다. 그리고 원래의 침대 사다리를 그대로 사용하기 위해 최대 290cm의 꺾쇠가 하나 더 들어가는데, 조립이 어렵다면 전문가에게 의뢰하거나 천장설비 시공에 경험이 많은 사람의 도움을 받도록 하자. 또한 확장 볼트를 삽입하면 1~1.5t의 하중도 충분히 지탱할 수 있으므로 제대로만 설치하면 침대를 매우 안정적으로 사용할 수 있다. 단, 이 강철 꺾쇠는 콘크리트 천장에만 설치할 수 있으며 가장자리가 둥근 천장에는 설치하기가 어렵다는 점에 주의하길 바란다.

적당한 위치에 침대를 설치하고 아래 공간을 자신의 취향에 맞게 이용하면 침대는 잠자는 공간 그 이상의 공간이 된다. '당신이 생각하는 그 이상의 공간'은 바로 『콤팩트 리빙 AB』가 표방하는 원칙이다.

▲ 천장 아래에 아늑하고 넓은 공간이 생겼다.

미닫이문으로 구현하는 독립적 공간

딘 윌슨 DEAN WILSON

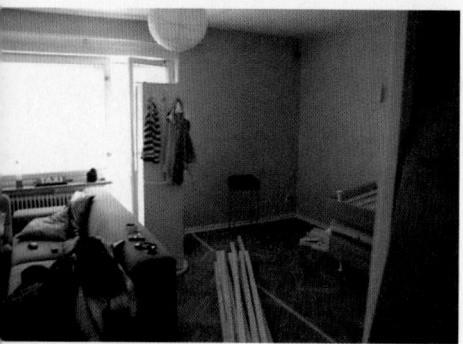

▲ 방을 개조하기 전의 모습. 거실과 침실의 구분이 없다.

작은 집에 사는 많은 사람이 어떻게 하면 공간을 절약하면서도 집을 아늑하고 매력적으로 꾸밀 수 있을지 고민한다. 딘 윌슨과 그의 여자 친구는 이에 대한 완벽한 해결책을 찾았다. 그리고 이 리메이크 프로젝트는 「이케아 해커스」에서 2010년 1등 수상작으로 뽑혔다. 그들의 리폼 과정은 다음과 같다.

"저와 여자 친구가 스톡홀름에서 얻을 수 있는 방은 고작 44㎡의 원룸뿐이었어요. 그러나 적어도 거실과 방은 분리된 공간이었으면 했지요. 그래서 파티션을 놓을까, 커튼을 칠까 고민하다가 이케아에서 유백색 유리가 장착된 '세켄 미닫이문'을 발견했어요. 주로 팍스 옷장의 문짝으로 사용되는 유명한 제품이죠.

이 제품을 발견하자마자 집으로 가서 새로 구입한 침대가 미닫이문 뒤에 잘 들어맞을지, 옷장을 넣을 공간이 있을지 확인했어요. 옷장도 미닫이문 뒤에 두어 거실을 넓게 쓰고 싶었거든요.

▲ 미닫이문으로 딘은 자신과 여자 친구를 위한 침실 공간을 마련했다. 벽의 그림은 딘이 좋아하는 영화 포스터.

1
먼저 각목으로 문틀을 만든다. 이때 각목 여러 개로 틀을 만들어 확실하게 고정하는 것이 좋다.

2
알루미늄 소재의 미닫이문을 위쪽 레일에 건다.

3
벽 장식을 위해 빔 프로젝터로 그림을 벽에 영사시키고 연필로 윤곽을 따라 그린다. 그리고 검은색 페인트로 세심히 칠한다.

▲ 미닫이문을 설치한 후
거실과 침실은 완전히 분리되었다.

치수를 측정한 뒤에는 각목으로 천장과 바닥, 벽을 따라 뼈대를 짓고 도료를 칠했어요. 그리고 부속품과 크라운 몰딩CROWN MOLDING, 천장과 만나는 벽면 윗부분의 몰딩을 설치하고, 나사로 레일을 고정해 미닫이문을 끼워 넣었지요.

처음 이 작업을 시작할 때는 DIY 매장 직원들도 제 계획에 의구심을 보였어요. 워낙 까다롭고 어려운 작업이기 때문이지요. 그러나 전 생각한대로 실행에 옮겼고 결국은 해냈어요.

새로 마련한 침실에는 LED 램프를 달아 분위기를 냈고, 벽에는 제가 가장 좋아하는 영화 〈저수지의 개들〉 포스터를 벽화로 그렸어요. 벽화는 빔 프로젝터로 그림을 벽에 투영시킨 후 따라 그린 거예요. 제 여자 친구는 아직도 이 벽화를 볼 때마다 깜짝깜짝 놀라고는 하죠."

▲ 침실과 마주한 거실 벽 위에는 주방용 상단 수납장 6개를 설치
그 안에 스테레오 장치 등을 보관했다. 덕분에 바닥을 넓게 쓸 수

+ + 2010년 2등 수상작 + +

생활습관을 반영한 기발한 발렛 행거

기스베르트 반 킹켈 GISBERT VAN GINKEL

집에 돌아와 입었던 옷을 어디에 걸어두어야 할지는 누구나 안다! 그러나 의자 위에 아무렇게나 걸어두는 일이 다반사일 것이다. 하지만 어떤 침실은 의자 한두 개 놓을 공간도 없는 경우가 많다. 이 문제에 대해 네덜란드 출신의 기스베르트는 간단하고도 천재적인 아이디어를 발휘했다. 바로 의자의 좌석을 톱으로 잘라서 등 부분만 벽에 고정하는 것이다. 그 결과 실용적이면서 장식 효과까지 낼 수 있는 행거가 완성되었다. 기스베르트는 자신의 프로젝트에 대해 다음과 같이 이야기한다.

"우리 집 침실은 침대 하나만 겨우 들어갈 정도로 아주 좁아요. 그래도 여기저기 옷을 벗어서 걸어놓을 공간은 필요했죠. 저는 네덜란드의 한 디자인 제품에서 영감을 얻어 이케아의 베르틸 의자를 발렛 행거로 리폼했어요.

먼저 의자의 앞부분을 원형 톱으로 자르고, 비스듬하게 자른 각목을 좌석 틀에 부착했어요. 그리고 잘라두었던 남은 각목을 벽에 붙여 의자를 걸 수 있게 했지요. 그래야 청소할 때 의자를 벽에서 떼어낼 수 있거든요.

준비물

재료
- 이케아 베르틸 의자
- 각목
- 나사
- 접착제
- 페인트

공구
- 붓
- 사포
- 원형 톱
- 전동 드릴

TIP

가로대가 직선인 의자를 사용하면 옷이 미끄러져 떨어지지 않는다.

그리고 의자를 안정감 있게 고정하기 위해 좌석 틀 아래에 작은 꺾쇠를 몇 개 더 박았어요.

또한 의자는 원래 검은색이었는데 흰색이 실내 공간에 더 잘 어울릴 것 같아 고운 사포로 표면을 다듬은 뒤 흰색 페인트를 두 겹 덧발랐죠. 한 겹을 바르고 사포로 다듬은 다음, 다시 한 번 덧칠하면 매끄럽게 발립니다. 수성 페인트를 사용했기 때문에 힘들지는 않았어요."

1
좌석 앞부분을 자른 의자에 비스듬히 자른 각목을 고정한다.

2
의자를 벽에 걸수 있도록 벽에 남은 각목을 설치한다.

3
옷걸이가 된 의자 등받이 부분에 옷을 장식처럼 걸어둔다.

IKEA
DIY

현관과 복도

+

Entrance & Hall

수납 공간이 넉넉한 대가족의 현관

수잔나 스코그
SUSANNA SKOG

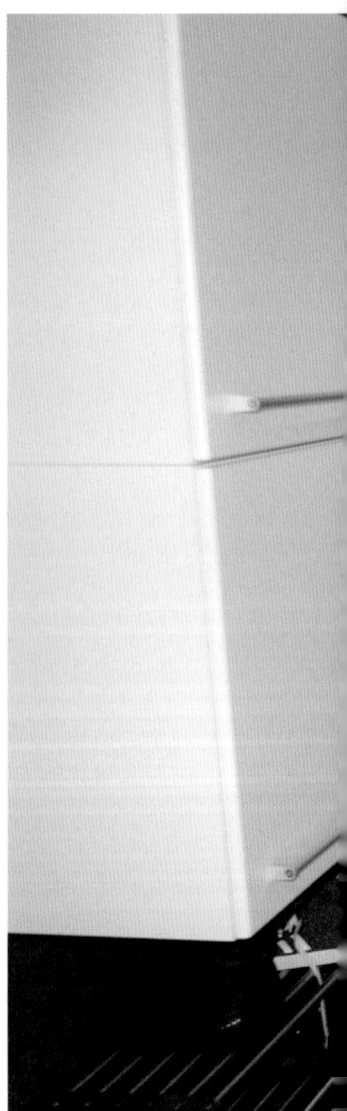

새집을 설계할 때 나와 남편이 가장 중요하게 생각한 건 출입구였다. 여섯 식구의 일상 생활에 지장이 없고, 많은 신발을 보관할 넉넉한 수납 공간을 갖춘 현관이 필요했기 때문이다. 그리고 신발을 신고 벗을 수 있는 공간도 있었으면 했다.

그래서 우리는 주방 환풍기 위에 설치하는 용도인 이케아의 '팍툼 수납장' 6개를 구입해 현관에 설치했다. 한 사람당 수납장 1개를 사용하는 것이다. 정사각형에 가까운 이 수납장을 두 줄로 배치하니 왼쪽 벽에 딱 들어맞았다. 원한다면 각 수납장의 문에 색을 칠해 생기발랄한 분위기를 주어도 좋다. 수납장마다 나무색, 무광 흰색, 유광 흰색, 검은색 등 아이들이 좋아하는 색으로 칠해도 예쁠 것이다.

수납장 아래에는 이케아의 주방 가구 시리즈인 '그룬드탈 벽 선반'을 두 줄로 설치했다. 이 철제 선반은 청소가 쉬울 뿐 아니라, 우리 가족의 신발을 충분히 수납할 수 있어 무척 실용적이다.

TIP

각 수납장마다 주인의 사진을 붙여도 OK!
요즘에는 사진을 스티커나 엽서 형태로 인쇄해주는 곳도 많다.

준비물
재료
• 이케아 그룬드탈 벽 선반
• 이케아 비파 훅
• 이케아 작업대
• 이케아 카피타 다리
• 이케아 팍툼 수납장
• 나사
• 손잡이
공구
• 드라이버
• 전동 드릴
• 톱

아래에 옷걸이가 달린 선반은 이케아의 너도밤나무 작업대 2개를 잘라 만든 작품이다. 옷걸이는 『클라스 올손 CLAS OHLSON, 스웨덴의 대형 전문 공구업체』에서 구입한 고리를 다양한 간격으로 설치해 만들었으며, 선반 위의 라탄 바구니는 이케아의 '브라나스 바구니'로 우산이나 애완견 배설물 처리용 봉지 등을 넣어 보관하고 있다.

또한 선반 아래 벤치는 선반을 만들고 남은 작업대 절반과 작은 사이즈의 '팍툼 수납장' 3개로 만들었다. 앉아서 신발을 신고 벗기 좋을 뿐 아니라 수납형이라 안에 우비와 같은 시즌 잡화를 보관할 수 있어 유용하다. 마지막으로 문 옆에는 아이들의 키에 맞춰 이케아의 '비파 훅'을 몇 개 설치했다.

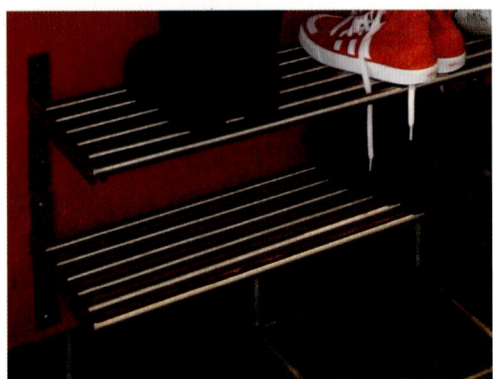

▲ 선반을 설치하여 바닥 공간을 넓게 활용했다.

▶ 팍툼 수납장은 69×57cm와 60×35cm의 두 가지 크기로 구입할 수 있다. 벤치는 60×35cm의 작은 수납장으로 만든 작품이다.

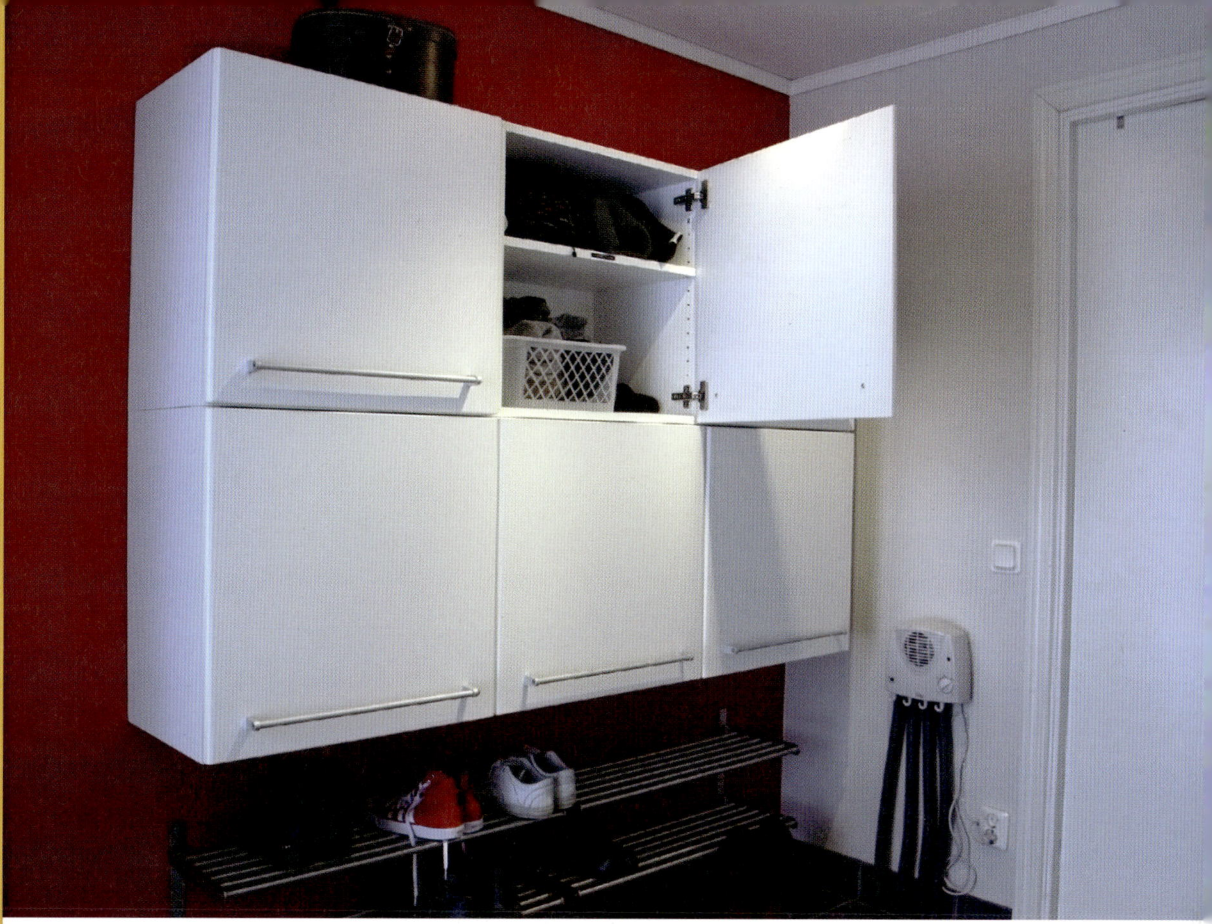

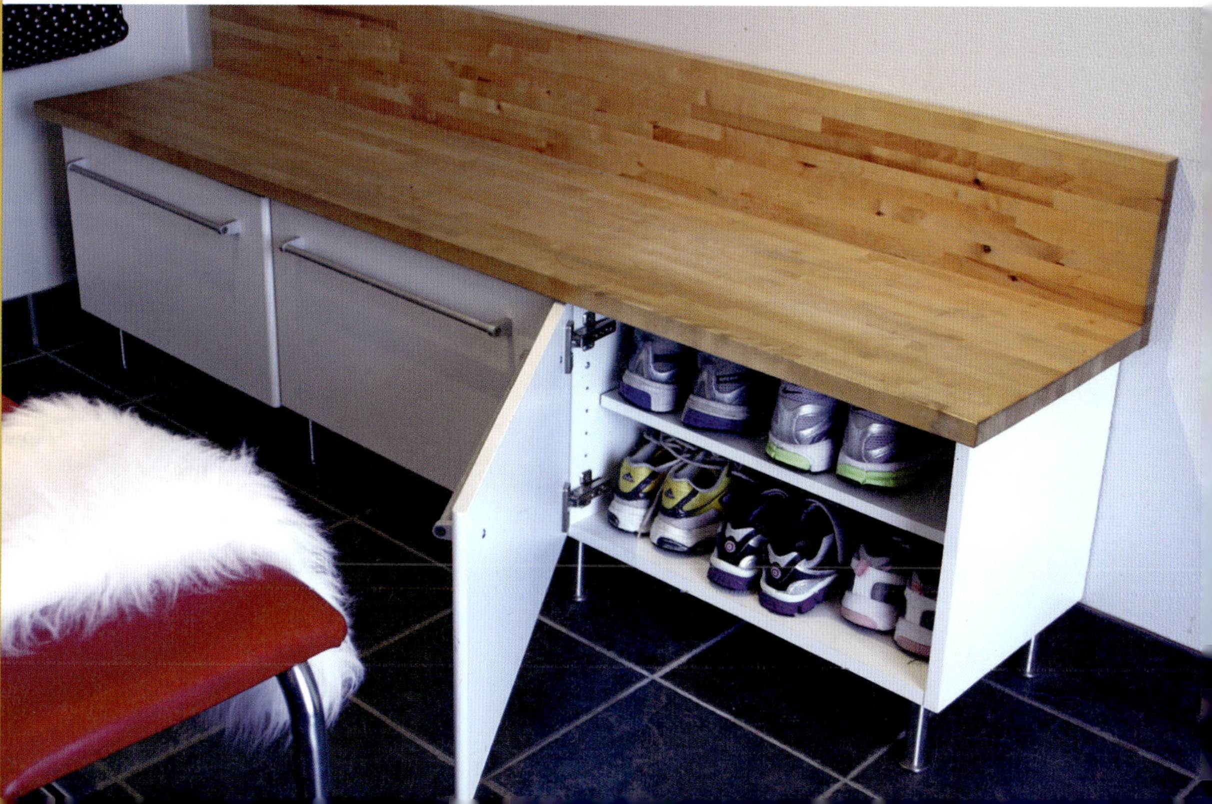

벤치 겸용 고양이 화장실

산드라 로레우스
SANDRA LOREUS

나는 고양이 몰리의 화장실을 새로 만들어주기로 했다. 지금의 화장실은 모래가 많이 날리고, 주변이 개방되어 있어 몰리가 불안해했기 때문이다.
사방이 벽으로 둘러싸인 안락한 화장실을 만들기 위해 우선 이케아의 주방용 가구인 '팍툼 수납장'을 구입했다. 그런데 크기를 보니 평소 복도에 둘 벤치로 사용해도 좋을 것 같아 '고양이 화장실 겸 벤치'로 만들기로 했다! 그래서 바닥에는 회전 바퀴를 달고, 위쪽에는 이케아의 '압스트락트 도어'를 달아 좌석을 만들었다.

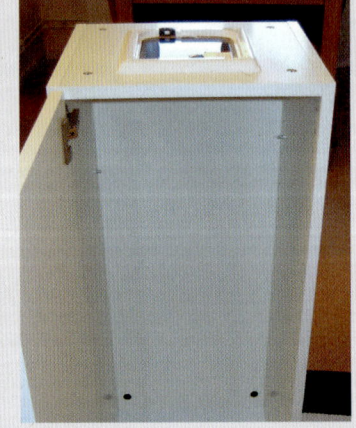

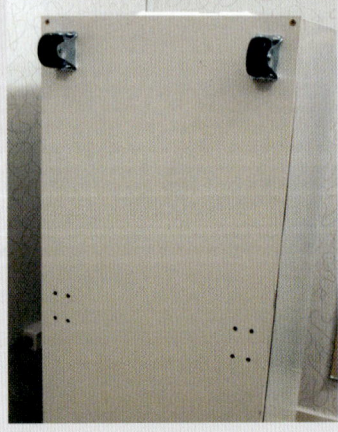

1
팍툼 수납장에 압스트락트 도어를 달고 한쪽 면에 고양이 출입문을 그린다. 그리고 출입문의 한쪽 모퉁이에 작은 구멍을 뚫고 지그소를 넣어 스케치대로 자른다.

2
얇은 합판으로 고양이 출입문에 문짝을 달아주고, 나사로 고정한다.

3
벤치의 바닥이 될 부분에 합판을 덧대어 견고하게 한 뒤, 회전 바퀴를 단다. 바퀴를 달면 쉽게 옮길 수 있을뿐더러, 앉기에도 편안한 높이가 된다.

그리고 수납장 안쪽에 꺾쇠를 달고 칸막이를 하나 더 만들었다. 자주 청소해주어야 하는 고양이 화장실의 특성상 청소도구를 보관할 공간이 함께 있으면 좋을 것 같았기 때문이다. 만들고 나서 앉아보니 딱 신발을 신고 벗기에도 좋은 높이로 완성! 고양이 몰리도 이제 마음 편히 일을 볼 수 있을 것이다.

"고양이 화장실을 새로 만들어주었을 뿐인데,
복도에 어울리는 벤치까지 생겼다."

신발 수납선반이 된 TV장

제니 그림베리
GENNY GRIMBERG

TIP

신발 수납선반 위에 매트 대신
양면테이프를 붙여보자.
신발에 묻은 모래와 물기를 쉽게
털어낼 수 있다.

이케아에서 이 선반을 찾는다고 신발장 코너에 가서는 안 된다. 이 가구는 원래 '라이바'라는 이름의 TV장이기 때문이다. 따라서 신발장 코너가 아니라 거실 가구 코너로 가야 찾을 수 있다.

내가 사는 원룸은 52㎡로, 거실 겸 다이닝룸은 넓지만 복도는 아주 좁다. 물론, 복도에 꽤 큰 붙박이장이 3개나 설치되어 있어 옷과 신발을 수납할 공간이 넉넉했지만, 나는 자주 신는 신발을 둘 공간도 필요했다.

이러한 고민을 해결하기 위해 수십 개의 가구점을 돌아다녔다. 그러나 너무 커서 우리 집에는 놓을 수가 없거나 디자인이 마음에 들지 않는 등 좋은 가구는 좀처럼 나타나지 않았다. 그러다가 이케아에서 안성맞춤인 제품을 발견했는데, 아이러니하게도 이 제품은 신발장이 아니라 TV장이었다! 물론 마음에 들었으므로 주저할 필요는 없었다. 일단 사서 기능을 변경하면 되니까.

여러분도 가구를 고를 때 가구가 가진 무한한 기능을 상상하길 바란다. 나처럼 TV장을 신발장으로 사용하게 될 수도 있다.

"가구를 볼 때 가구에 표기된 명칭이 아니라,
그 가구가 가진 기능을 보고 판단하라.
상식을 깨는 것은 매우 간단한 일이다!"

▲ 신발 수납선반으로 기능을 바꾼 TV장.

마음까지 환해지는 샛노란 의자

이사벨라 발덴마이어
ISABELLA WALDENMAIER

나는 플라스틱 의자라면 형태와 상관없이 모두 좋아하며, 노란색 마니아이기도 하다. 그래서 복도에 놓기 위해 구입한 이케아의 '어반 의자'도 노란색으로 칠해버렸다. 샛노란색으로 변신한 이 의자는 우리 집 복도를 전체적으로 밝은 인상으로 만들어준다. 게다가 옆에 연노란색의 '맘무트 어린이 의자'를 옆에 두니 더욱 사랑스럽다.

처음에는 페인트가 벗겨지지 않을까 불안했는데, 2년이 지난 지금도 새것처럼 보여 안심이다. 우리 딸은 이 의자로 동굴 놀이를 하는 등 놀이용으로 사용하기도 한다.

1
의자를 희석제와 물로 깨끗이 닦는다.

2
플라스틱용 스프레이형 프라이머를 의자 전체에 두 번 정도 뿌린다. 의자가 마르면 기포가 생겼는지 확인하자. 기포가 생겼으면 사포로 살짝 문지른다.

3
노란색 스프레이형 래커를 세 번 정도 뿌린다. 이때 되도록 얇게 분사하고, 다 마른 뒤에 다음 겹을 뿌리도록 하자. 그래야 뭉침이나 기포가 생기지 않는다.

실용성을 겸비한 수납형 벤치

테레제 스반백
THERESE SWANBACK

▲ 원목판은 수납장의 길이에 맞춰 잘라야 한다.

우리는 복도에 물건 수납이 가능한 벤치를 놓을 생각이었다. 그리고 복도와 주방이 이어져 있어 디자인은 주방 가구와 비슷한 스타일로 맞추기로 했다.

찾아보니 주방 환풍기 위에 설치하는 이케아의 '팍툼 수납장'을 바닥에서 20~30cm정도 올려서 벽에 고정하면 벤치로 사용하기에 딱 좋을 것 같았다.

그래서 우리는 2개의 팍툼 수납장을 구입해 나사로 벽에 고정하고, 이케아에서 구입한 다리를 설치했다. 그리고 수납장끼리도 나사를 박아 결합했다. 단, 이때 나사를 박을 구멍을 미리 뚫어놔야 나무가 쪼개지지 않는다. 또한 상단에 좌석을 고정하기 위한 구멍도 미리 뚫어두면 좋다.

좌석으로 사용할 나무로는 주방에서 작업대로 사용하는 것과 같은 4cm 두께의 떡갈나무 원목판을 사용했는데, 우리는 이 목판에 원하는 색을 입히기 위해 『오스모 osmo』의 '월넛'과 '에보니' 왁스를 섞어 여러 겹 덧바르고, 건조가 끝난 후에는 상단에 투명한 하드 왁스오일을 칠했다. 하드 왁스오일을 칠하면 오염이 덜하며 방수 효과가 있어 이물질을 닦아내기도 쉬우니 평소에도 가끔 오일을 발라주는 게 좋다. 또, 물기가 너무 많아서 나무가 부풀어 오른다면 사포로 표면을 살짝 문지른 다음, 하드 왁스오일을 새로 바르자. 물론, 만든 지 몇 년 지났지만, 아직 이런 경우는 없었다. 주방과 복도에 사용한 『오스모』제품에 우리는 아주 만족한다.

재료
- 이케아 팍툼 수납장
- 나사
- 다리
- 받침대
- 원목판
- 손잡이
- 하드 왁스오일

공구
- 붓
- 전동 드릴
- 톱

벤치의 상단을 처리한 뒤에는 원목판을 올려 좌석을 설치하는데, 미리 뚫어놓은 구멍에 나사를 아래에서 위로 박으면 된다.

마지막으로 수납장 아래에 받침대를 설치해 깔끔하게 마무리하고, 도자기 소재의 손잡이를 달아 포인트를 주었다.

TIP

수납장 문은 다양한 모양과 색상으로 따로 구입이 가능하다.
집 안 분위기에 포인트가 필요하다면 바꾸어 달자.

액자로 꾸민 벽

야네테 바우어
JEANETTE BAUER

나는 집 안의 벽을 액자로 꾸미는 것을 좋아한다. 그래서 종종 벼룩시장에서 오래된 액자를 사서 리폼하는데, 이케아에서 산 액자도 몇 년 전부터 우리 집 벽을 상당량 차지하고 있다. 특히 이케아의 '리바 액자'로는 사랑하는 사람과 친척들의 사진을 넣어 벽의 절반을 꾸몄다.

나는 검은색의 리바 액자 틀을 모두 회색으로 칠하고, 안쪽에는 핫핑크로 띠를 둘러 리폼했다. 벽이 흰색이라 액자를 회색톤으로 맞추면 입체적인 효과를 낼 수 있다. 액자를 많이 걸수록 그 효과는 배가 되며, 액자가 배경 색과 완전히 하나가 되면서 경계가 흐릿해지는 건 멋진 광경이다. 또, 몇 번 떨어뜨려 모서리가 깨신 액자에는 무늬지를 입히기도 했다. 액자 틀과 틀 뒤쪽에 접착제를 바르고 무늬지를 입히면 액자가 좀 더 오래간다.

이렇게 회색 틀의 액자와 무늬지를 덧댄 액자를 섞어 벽에 걸었더니 아주 개성 있는 인테리어가 완성되었다. 사랑하는 사람들의 사진이 더욱 빛나는 느낌이다.

준비물
재료
• 이케아 리바 액자
• 무늬지
• 접착제
• 페인트
공구
• 붓

IKEA
DIY

주방과 다이닝룸

+

Kitchen & Dining room

스탠딩 테이블의 탄생

예시카 벤니손 & 리카드 안더손
JESSICA BENNISON & RICKARD ANDERSSON

주방에 식기세척기를 들이기로 하면서 우리 주방은 대대적인 개조에 들어갔다. 식기세척기를 넣기 위해서는 기존에 있던 주방 수납장 중 한 칸을 빼내야 했는데, 집주인이 빼낸 주방 수납장을 잘 보관해두라고 했기 때문이다. 그러나 이렇게 큰 수납장을 통째로 보관할 공간을 가진 세입자가 어디에 있겠는가?

그래서 우리는 개수대 아래의 주방 수납장 한 칸을 빼서 그 위에 상판을 올려 스탠딩 테이블을 만들고, 주방 수납장을 빼낸 자리에 식기세척기를 넣기로 했다. 어차피 이사할 때부터 스탠딩 테이블을 갖고 싶었으니 좋은 기회이기도 했다.

우선 우리는 근처의 DIY 전문 매장과 목재상을 샅샅이 뒤져서 수납장을 덮을 상판을 물색했다. 그러나 맞는 크기의 상판을 찾지 못해 이케아에서 186×62cm 크기의 작업대로 대체했다.

그리고 수납장을 벽에 고정해 놓았었는지 수납장의 받침대가 목판 하나뿐이어서 받침대도 새로 만들었다. 수납장의 크기를 재고 그에 맞게 목판을 재단해 연결한 뒤, 나머지 주방 가구들과 잘 어울리도록 검은색으로 칠해 만들었는데, 목판을 같은 크기로 재단해 모서리를 맞추는 것이 무척 어려웠다. 물론 전문 공구가 있으면 편했겠지만, 아쉽게도 우리에게는 손으로 켜는 작은 톱과 줄자, 사포가 전부였다.

그리고 수납장의 윗면에는 각목 2개가 붙어 있었는데, 우리는 테이블 상판을 올리기 위해 이 각목 위에 폭이 좁은 목판 2개를 더 부착하기로 했다. 물론, 이 상판 받침대는 겉으로 보이는 부분이 아니라서 꼼꼼하게 작업하지는 않았다. 우리가 중요하게 생각한 것은 이 목판을 각목 위에 고정할 수 있도록 길이가 충분히 길어야 한다는 것, 그리고 수납장 옆면보다 튀어나오지 않도록 해야 한다는 것뿐이었다.

1
수납장의 둘레에 맞춰 받침대를 만들 목판을 4등분해 꺾쇠로 연결한 뒤, 검은색으로 칠한다.

2
꺾쇠로 받침대와 수납장을 단단히 연결한다.

3
받침대 완성. 새로 만든 받침대 위에 수납장이 매우 안정감 있게 놓여 있다.

준비물

재료
- 이케아 작업대
- 꺾쇠
- 나사
- 목재용 오일
- 목판
- 페인트
- 폭이 좁은 목판

공구
- 붓
- 사포
- 줄자
- 톱

우리는 수납장 위에 상판을 올린 뒤, 수납장 아래에서 덧대둔 목판에 나사를 박았다. 그리고 튼튼한 꺾쇠로 상판과 수납장을 연결했다. 그 결과, 전구를 갈기 위해 수납장을 밟고 올라서도 문제가 없을 정도로 견고한 스탠딩 테이블이 탄생했다. 조립이 끝난 후에는 상판에 오일을 바르고, 상판 아래에 토스터나 전기 주전자를 사용할 수 있도록 3구 멀티 탭을 설치했다.

작업 중 가장 어려웠던 것은 바로 이케아에서 테이블의 상판으로 쓸 작업대를 구매하는 일이었다. 이케아 작업대는 인기가 많아 늘 빨리 품절되고는 했는데, 우리 역시 이 작업대로 바로 살 수는 없었다. 헬싱보리에 있는 이케아에 재고를 확인했음에도 불구하고 말이다. 어쨌든 며칠을 기다린 후에 원하는 작업대를 손에 쥘 수 있었다.

4
수납장 윗면에 붙어 있는 각목 위에 폭이 좁은 목판 2개를 덧대 상판 받침대를 만든다.

5
목판 위에 테이블 상판을 올리고 나사를 박은 뒤, 꺾쇠로 단단히 고정한다.

6
토스터나 전기 주전자를 사용할 수 있도록 상판 아래에 멀티 탭을 달면 완성.

우리는 이 스탠딩 테이블에서 아침식사를 하거나, 식재료를 손질하는 등 잘 사용하고 있다. 게다가 크기도 잘 맞아서 시스템 주방처럼 미적으로 완벽하다.

우리는 DIY에 능숙한 사람도 아니고 마땅한 공구도 제대로 갖추지 못했었다. 그러나 계획을 세우고 DIY 전문 매장에 여러 번 다니며 아주 멋지고 튼튼한 가구를 만들었다. 그러니 여러분도 만들고 싶은 가구가 있다면 도전해보길 바란다.

▼ 기존 주방 수납장이 있던 자리에 식기세척기를 넣었다. 시스템 주방처럼 꼭 맞는 주방이 완성되었다.

딸을 위한 미니어처 주방

이사벨라 발덴마이어

ISABELLA WALDENMAIER

우리 집은 2층에 아이 방이 있다. 그러나 늘 엄마 곁에서 놀고 싶어 하는 딸 엘라를 위해
1층에도 놀이 공간을 마련해주기로 했다. 고민 끝에 선택한 곳은 내가 가장 많은 시간을
보내는 주방이다. 주방 한쪽에 내 주방 가구와 똑 닮은 미니어처 주방 가구를 들이고,
소꿉놀이 장난감을 옮겨준 것이다.
덕분에 나는 엘라에게서 시선을 떼지 않고 차분하게 요리를 할 수 있게 되었으며, 엘라도
언제든지 엄마인 내 옆에서 놀 수 있게 되었다.

"아이들은 자기 방뿐만 아니라, 부모가 주로
  머무는 장소에서 노는 것을 좋아한다."

나는 아주 일상적인 물건에서 새로운 아이디어를 떠올리고는 한다. 그리고 아이디어가 떠오르면 즉시 실행에 옮겨 집 안 분위기를 이리저리 바꾸어보는 것을 좋아한다. 특히, 집은 사랑하는 사람과 함께하는 장소이므로 끊임없이 정신적, 물질적으로 성장하고 꿈을 꿀 수 있는 환경으로 만들어나가야 한다고 생각한다.

내가 추구하는 인테리어는 아늑하면서도 경쾌한 인테리어로 우리 집에 오는 손님은 금세 집에 아이를 위한 공간이 충분하다는 사실을 알게 된다.

또한, 아이들은 자기 방에서뿐만 아니라 부모가 주로 머무는 장소에서 노는 것을 아주 좋아하므로 나는 항상 아이가 자유롭게 놀면서도 부모에게 방해되지 않는 독창적인 방법을 모색해왔다. 그래서 생각해낸 것이 바로 이 미니어처 주방이다. 미니어처 주방은 실용적이고 근사할 뿐만 아니라 아이들의 놀이 공간으로도 알맞다.

미니어처 주방은 내 주방을 본떠서 만들었다. 대부분 이케아의 개별 단품으로
구성했는데, 본체는 60×35cm의 '팍툼 수납장' 2개에 다리를 달아서 만들었고,
작업대는 수납장과 같은 크기의 검은색 선반을 놓아 완성했다. 그리고 개수대는
작업대에 구멍을 뚫어 손잡이를 뗀 오븐용 사각 팬을 넣어 만들었는데, 실제로
배수구도 설치하고 수도꼭지도 만들어주었다. 수도꼭지는 아이에게 맞춰서
욕실용으로 설치했다.

개수대 위의 가림판과 선반 또한 이케아 제품이다. 선반 아래에는 작은 스포트라
이트 조명을 달아 환풍기처럼 보이게 했고, 수납장 안에는 데코 시트지를 활용해
접시와 찻잔, 유리컵 등의 문양을 넣었다.

그리고 마지막으로 엘라의 소꿉놀이 장난감을 모두 옮기고, 이케아의 어린이 코너에서 필요한 집기를 사서 채워주었다. 완성된 미니어처 주방은 기대했던 것보다 훌륭해서 엘라와 엘라의 친구들이 열심히 드나들며 놀고 있다. 주방에서 빵을 구우며 커피를 마시는 흉내를 내기도 하고, 카펫을 깔고 소풍놀이를 즐기기도 하면서 말이다. 아이들에게는 최고의 놀이터인 셈이다.

"아이는 부모의 행동을 따라 하며 배운다.
그래서 나는 엘라가 주방을 조금 지저분하게 하더라도,
모든 것을 실제로 체험하길 바란다.
아이를 위한 주방을 실제 주방처럼 만든 이유이다."

새롭게 태어난 주방 벤치

헬레네 랑보리
HELENE LANGBORG

TIP

소파에 손잡이 같은 연결 철물이
있다면 칠하기 전에 미리 철물을
제거하는 것이 좋다.
칠이 다 마르면 다시 장착하도록 하자.

헬레네는 깔끔하게 단장한 새 주방에 놓을 예쁜 주방용 벤치를 찾다가 한 인터넷 중고매장에서 마음에 드는 벤치를 발견했다. 지금은 단종된 이케아의 '러스틱 벤치' 가 그 주인공이다.

"저는 이 소파를 제 주방에 어울리는 흰색으로 칠했어요. 소파를 가성 소다로 꼼꼼하게 닦은 후 프라이머를 바르고 흰색 페인트로 꼼꼼히 칠을 했지요. 나뭇결이 고운 편이라 기포도 생기지 않고 잘 발렸어요.

그리고 소파 패드는 방수포로 재질이었는데, 상태도 양호하고 오염되지 않아 천만 구입해 새로 커버링했어요. 제 주방에 어울리는 완벽한 벤치가 탄생했지요."

▲ 리폼 전의 소파.

하이체어의 유쾌한 변신

이사벨라 발덴마이어
ISABELLA WALDENMAIER

준비물

재료
- 이케아 안티롭 하이체어
- 데코 시트지

공구
- 커터 칼

딸 엘라가 젖을 떼고 이유식을 먹을 만큼 성장했을 때 우리는 이케아에서 흰색 '안티롭 하이체어'를 구입했다. 그러나 이 하이체어는 우리 주방에 전혀 어울리지 않을뿐더러 유령처럼 둥둥 떠 있어 보여 변화가 필요했다.

우리는 바로 집에 쓰고 남은 바둑판무늬 데코 시트지에 의자의 등받이 부분과 테이블 부분을 본떴다. 그리고 크기에 맞게 재단해 붙였더니 30분 만에 우리 집에 어울리는 하이체어가 완성되었다.

이후 우리는 친구 아이의 생일이나 세례식 때 안티롭 하이체어를 예쁜 시트지로 리폼해 선물하고는 한다. 꼬마 유령이나 공주 캐릭터 등이 인쇄된 데코 시트지를 사용하면 아이들도 무척 좋아하며, 만화 캐릭터인 '바바파파 BARBAPAPA' 프린트는 인기 만점이다. 비싸지 않으면서도 큰 감동을 주는 멋진 선물이 될 수 있다.

1
의자 등받이와 테이블의 크기를 재서 종이에 본을 뜬 다음, 본을 데코 시트지에 베낀다. 그리고 커터 칼로 데코 시트지에 베낀 선을 따라 자른다.

2
행주에 주방세제를 살짝 묻혀 의자를 닦고, 본뜬 데코 시트지를 등받이와 테이블에 붙인다. 기포가 생기면 행주로 밀어 없앤다.

IKEA
DIY

아이 방
+
Kid's Room

아이 방의 변신

엠마 룬드그렌
EMMA RUNDGREN

▲ 집에 있는 침대 프레임을 사용하여 리폼했다.

수납 공간이 있는 어린이 침대

딸이 자라며 딸의 물건도 많아졌다. 그러나 좁은 방에 더 이상 수납 공간을 만들기 어려워 나는 딸의 침대를 이층으로 올리고 그 아래에 수납장을 넣어주기로 했다. 즉, 수납 침대를 만드는 것이다.

우선 침대의 매트리스를 걷어내고 침대받침과 들보를 제거한 뒤 이케아의 '술탄 라데 침대갈빗살'을 깔았다. 그리고 침대를 이층으로 만들 생각이었기 때문에 딸이 바닥으로 떨어지는 일이 없도록 양옆에 MDF 목판을 덧대고, 아랫면에 풋보드를 만들었다.

그다음 긴 책장을 머리 쪽으로, 짧은 책장을 다리 쪽으로 두고, 침대를 책장 위로 올렸다. 이때, 미리 침대 다리를 절단해두면 좋은데, 안쪽에는 지지대 역할을 하는 책장이 없으므로 헤드보드 아래의 오른쪽 다리는 그냥 두어야 한다. 나는 다리 밑에 각목을 금속 꺾쇠로 이어 확장해 설치했다. 그리고 마지막으로 딸이 침대 아래의 빈 공간으로 들어가지 못하도록 책장과 책장 사이에 합판을 덧대 마무리했다.

딸이 기뻐하는 모습을 보면 늘 뿌듯하다. 더군다나 딸이 물건을 스스로 정리하는 습관까지 들였으니 가장 큰 효과를 거둔 셈이다.

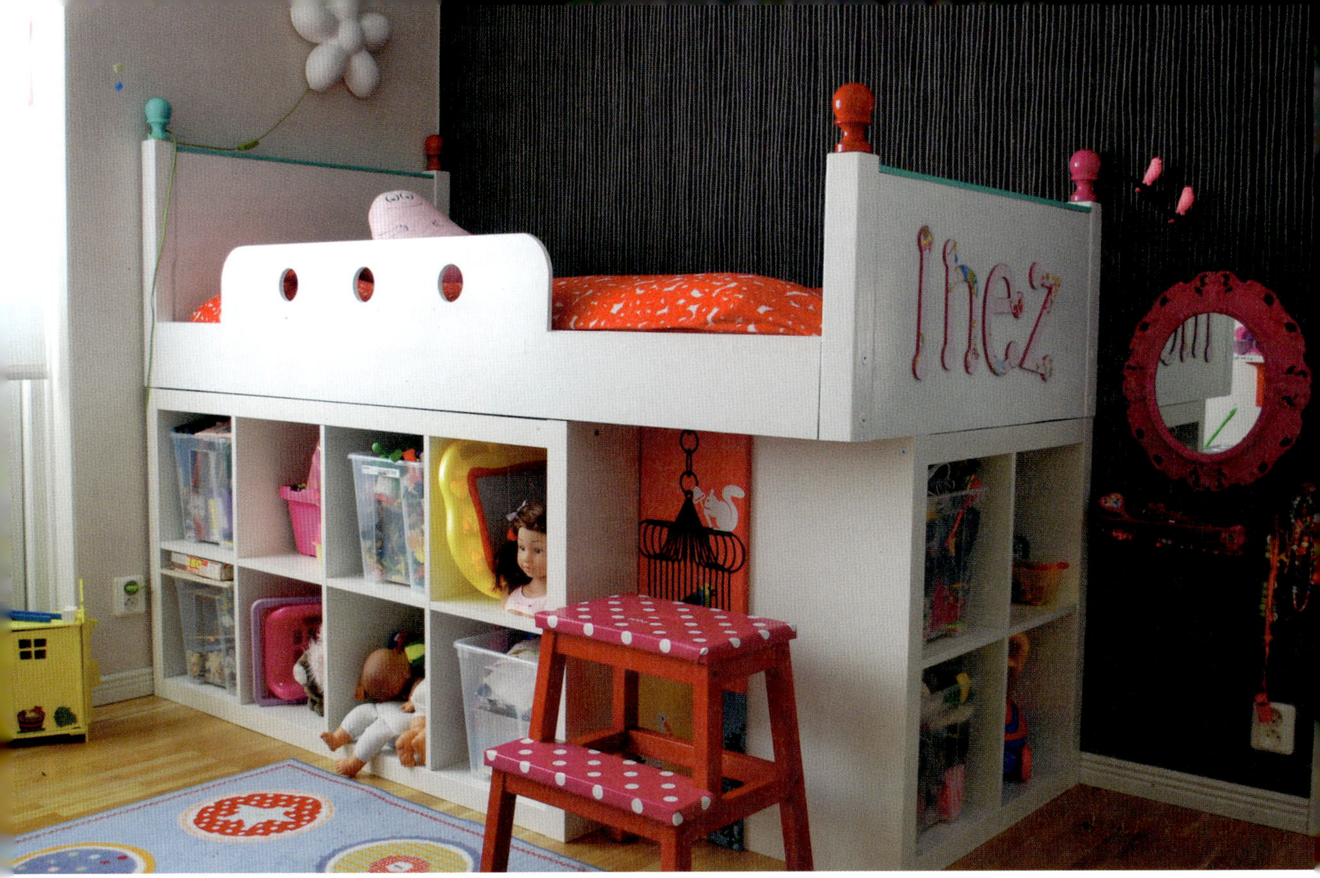

준비물

재료

- 아케아 술탄 라데 침대갈빗살
- 이케아 엑스페디트 책장
- 각목
- 금속 꺾쇠
- 나사
- 페인트
- MDF 목판

공구

- 드라이버
- 스테이플 건
- 톱

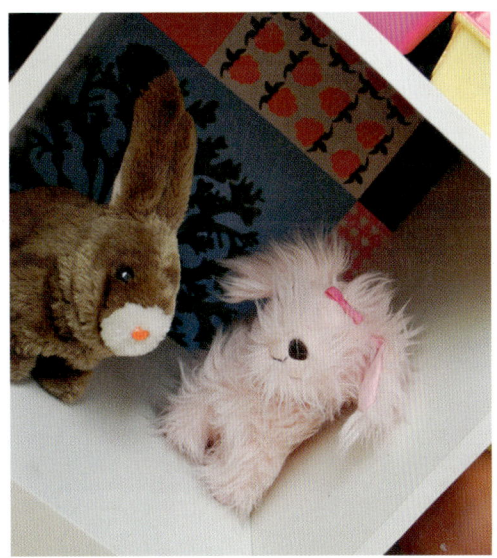

<table>
<tr><td>

준비물

재료
- 이케아 베크벰 스텝 스툴
- 이케아 에크뷔 비에르눔 브래킷
- 이케아 에크뷔 예르펜 선반
- 이케아 크리테르 어린이 테이블
- 도배용 풀
- 벽지
- 스프레이형 페인트

공구
- 가위
- 스테이플 건

</td></tr>
</table>

방수포와 벽지를 이용한 리폼

우리는 딸을 위한 작은 가구가 많다. 특히 이케아의 '크리테르 어린이 테이블' 과 '에크뷔 예르펜 선반', 높은 곳의 물건을 집을 수 있는 '베크벰 스텝 스툴'은 작고도 실용적인 가구이다. 그러나 이 가구의 단점은 모두 밋밋하다는 것이다! 그래서 나는 방수포와 남은 벽지를 이용해 리폼을 시작했다. 우선 테이블은 상판에만 방수포를 덮을 생각이어서, 상판보다 살짝 크게 방수포를 재단해 가장자리를 접어 스테이플 건으로 고정했다.

그리고 스툴은 전체에 스프레이형 도료를 여러 겹 분사해 색을 입힌 다음, 계단면만 방수포를 덮었다. 위쪽 계단면은 방수포를 바닥에 깔고, 스툴을 거꾸로 세워 본을 뜨면 쉽다. 그러나 아래쪽 계단면은 안쪽의 다리가 겹치는 부분에 주의해야 하므로 천에 시접을 넣어 본을 뜬 다음, 본을 방수포에 옮겨 재단하자. 조금 복잡하지만 훨씬 깔끔하게 마무리할 수 있다.

가구에 방수포를 씌웠을 때 가장 좋은 점은 오염에 강하고 아이가 음식물이나 물감 등을 흘려도 청소가 쉽다는 것이다. 아이가 사용하는 가구를 방수포로 리폼하기 좋아하는 이유이기도 하다.

그리고 선반은 스프레이형 페인트를 여러 겹 도포해 색을 입힌 뒤 앞쪽 모서리에만 남은 벽지를 발라 처리했는데, 접착제로는 도배용 풀을 사용했다. 이렇게 소가구를 모두 리폼해 알록달록한 느낌의 아이 방 완성! 또 딸이 더 커서 성숙한 느낌을 원할 때에는 방수포와 벽지만 바꾸면 되므로 걱정하지 않아도 된다. 변화는 무궁무진하다.

볼 풀이 있는 이층 침대

이사벨라 발덴마이어
ISABELLA WALDENMAIER

준비물

재료
- 이케아 쿠라 이층 침대
- 고무공
- 래커
- 박스
- 판지
- MDF 목판

공구
- 나사
- 드라이버
- 롤러 붓
- 붓
- 지그소
- 톱

나는 딸 엘라에게 취침 공간과 놀이 공간이 결합된 침대를 선물하기로 했다. 그래서 가구점 등을 둘러보던 중 우연히 인터넷의 중고시장에서 방 크기에 딱 맞는 이케아의 '쿠라 이층 침대'를 발견했다. 나는 이 침대를 바로 구입해 전체적으로 발랄한 분홍빛으로 물들이고, 1층에는 볼 풀을 만들기로 했다.

요즘 엘라는 매일 볼 풀 안에서 신나게 논다. 아이가 집 안에서 열심히 놀 수 있는 공간이 있다는 것은 좋은 일이다. 그리고 이 침대에는 한 가지 기능이 더 숨어 있는데 볼 풀 아래에 시트를 깔아두었기 때문에 시트를 올려 보자기 형태로 접어 빼내면 멋진 손님용 잠자리가 된다는 것이다! 결과적으로 이 침대는 엘라의 훌륭한 놀이터이자 잠자리가 되었다.

1

침대의 크기를 잰 다음 DIY 전문 매장에서
MDF 목판과 페인트를 구입한다.

2

침대의 헤드보드와 양 옆면에 맞춰 MDF
목판을 잘라 나사로 덧대고, 침대 2층 안쪽
에도 MDF 목판을 잘라 덧댄다. 이렇게 하면
결과적으로 원래의 소나무 목이 보이지 않게
된다.

3

두꺼운 판지에 침대의 아래층과 사다리 부
분에 낼 구멍을 본뜬 다음 지그소를 넣어
본대로 자른다. 날카로운 모서리는 샤포로 문
질러 다듬는다.

4

이제 칠 작업을 할 차례이다. 롤러 붓으로
침대를 분홍색으로 칠한다. 이때 MDF 목판
은 두 번씩 덧칠해야 한다.

5

칠이 마르면 위아래 층에 매트리스를 깔고,
아래층에는 매트리스보다 2배 정도 큰 침대
시트를 깔아 볼 풀용 공을 넣는다. 공은 약
2,000개 정도 넣었다.

집 모양의 수납장

이사벨라 발덴마이어
ISABELLA WALDENMAIER

준비물

재료
- 이케아 빌리 책장
- 경첩
- 나사
- 래커
- MDF 목판

공구
- 가위
- 데코 시트지
- 드라이버
- 롤러 붓
- 붓
- 수준기
- 지그소

딸의 좁은 방에는 늘 수납 공간이 부족했다. 그래서 우리는 많은 장난감과 옷을 보관할 수 있는 재미있고 경쾌한 수납 공간을 만들 수 없을까 고민하다가 창고에 있는 이케아의 '빌리 책장'을 생각해냈다. 줄자로 재보니 크기도 엘라의 방과 완벽하게 맞아떨어져 주저할 게 없었다. 우리는 이 빌리 책장에 MDF 목판을 이용해 문도 달고, 분홍색 외관에 하얀 창문도 만들어주기로 했다.

우선 중앙에 80×200cm 크기의 책장 1개를 설치하고 양쪽에 40×200cm 크기의 책장을 1개씩 설치했다. 그리고 DIY 전문 매장에 MDF 목판 소재의 40×230cm의 문짝 4개를 의뢰해 제작했다. 그러나 문짝 상단의 계단 모양은 남편이 직접 지그소로 잘라 만들어야만 했다.

색상은 엘라가 좋아하는 분홍색으로 결정했다. 단, 밋밋해 보일 수 있어 톤을 달리했는데 결과적으로 통일감 있어 보이면서도 재미있는 분위기로 완성되었다.

칠은 앞면과 뒷면 모두 고루 발리도록 롤러 붓을 이용해 꼼꼼히 칠했다. 기포가 생기면 사포로 밀고 덧칠하는 것이 상책. 그리고 칠이 완전히 마른 뒤에, 검은색 도화지에 흰색 데코 시트지로 창살 모양을 붙여 창문을 만들어 달았다.

▲ 엘라는 중앙에 있는 장밋빛 수납장을 가장 좋아하는데,
이 수납장 앞에 앉아서 인형이나 집짓기 블록을 가지고 논다.

책장에 문짝을 다는 일은 무척 어려웠다. 문을 들어서 책장에 대고 수준기로 평행하게 맞춰야 하기 때문이다. 게다가 우리가 가지고 있는 책장은 너무 오래되어 반듯하지가 않았다! 막상 문짝을 대보니 꽤 기울어 있던 것이다. 할 수 없이 우리는 책장의 단면을 약간 깎아내야만 했다. 결과는 대만족! 힘은 들었지만, 문도 잘 여닫히고 틈도 벌어지지 않아 좋다. 경첩은 시아버지가 달아주셨다. 경첩은 문짝을 지탱할만한 튼튼한 것으로 골라야 후회가 없다.

완성 후 수납장마다 보관할 물품을 달리했는데, 우선 체리색 수납장에는 옷을 색상별로 정리해 넣었고, 분홍색 수납장에는 인형과 저금통 등 각종 잡동사니를 수납했다. 중앙의 장밋빛 수납장은 엘라가 가장 애용하는 칸이다. 바로 인형의 집이 들어 있기 때문이다. 엘라는 종종 이 장밋빛 수납장 앞에 앉아서 인형이나 집짓기 블록을 가지고 논다.

우리가 이렇게 엘라의 방을 예쁘게 꾸민 이유는 상상력과 창의력을 일깨워주기 위함이다. 상상력을 발휘해 다양한 구상을 해보는 것은 생각을 논리적으로 발전시키기 위한 원동력이라 할 수 있다. 그래서 우리는 '분류'라는 단어에 큰 가치를 둔다. 아이는 '정리'라는 말에 거부감을 느끼기 때문에 '분류'라는 단어를 사용해 의식을 심어주는 것이다. 실제로 엘라는 "정리해라!"라고 하면 짜증을 낸다.

잠자리에 들기 전 가지고 놀던 장난감을 분류하는 일은 엘라의 일과이다. 나는 블록도 색상별로 분류하도록 하는데, 내 친구들은 이런 방법이 과하다고 지적하지만 난 이조차도 색깔놀이라고 생각한다.

그리고 아이 방에는 단순함도 필요하다. 아이와 함께 방도 성장하기 때문이다. 그래서 나와 남편은 아이 방에 불필요한 물건은 절대로 넣어두지 않는다. 우리가 만든 수납장에도 엘라가 지금 사용하고 있는 물건만 넣어둘 뿐이다.

수납장에 문을 달아놓으니 편해진 것이 있다. 바로 청소시간이 줄었다는 점이다! 먼지가 쌓이지 않아 매번 닦을 필요가 없다. 또한, 엘라는 자기만의 인형 수납장을 가지게 되어 장난감의 위치를 이리저리 바꾸어 보관하기도 하고 새로운 놀이를 발견하기도 한다. 가장 좋은 것은 쌓던 블록을 다음날까지 이어나가고 싶을 때, 그냥 문만 닫아두었다가 다시 열면 된다는 것이다! 게다가 전에는 바닥에 장난감이 여기저기 즐비했지만, 이제는 장난감에 발이 걸려 넘어질 일도 없어졌다.

"우리가 엘라의 방을 알록달록하게 꾸미는 이유는
 상상력과 창의력을 심어주기 위함이다. 상상력을 통한 구상은
 생각을 논리적으로 발전시키기 위한 원동력이 된다."

물방울무늬 수납함

이사벨라 발덴마이어
ISABELLA WALDENMAIER

아주 오래 전, 나는 두 살배기였던 딸 엘라와 함께 이케아의 '크바른비크 수납함'을 꾸민 적이 있다. 밖에 비가 와 나가서 놀 수 없던 엘라가 지루해하던 차였다. 당시 엘라는 너무 어려서 색칠을 할 수가 없었기 때문에 접착 펠트를 사용해 리폼했는데, 결과적으로는 펠트의 질감이 근사한 멋진 수납함이 탄생했다. 방법은 간단하다. 수납함을 잘 닦아서 말린 다음, 동그란 모양의 접착 펠트를 붙이기만 하면 된다. 어린 딸과 함께라면 접착 펠트의 보호막을 벗겨주고, 딸에게 붙이도록 하면 재미있게 시간을 보낼 수 있다. 엘라는 지금도 이 수납함을 굉장히 좋아한다. 그리고 나 또한 흐린 가을날 딸과 함께했던 이 멋진 공작놀이를 잊지 못할 것이다.

준비물

재료
- 이케아 크바른비크 수납함
- 가구용 접착 펠트

▲ 우리는 둥근 수납함을 접착 펠트로 장식했다.

아이 방 스타일링

수잔나 스코그
SUSANNA SKOG

통로처럼 긴 방은 가구를 놓기도 어렵고 조금만 꾸미려고 해도 방이 좁아 보이기 마련이다. 나는 이러한 문제를 해결하기 위해 방의 한쪽 벽면에 스프라이트 벽지를 붙여 공간을 넓어 보이게 하고, 이층 침대를 제작해 독립된 생활공간을 꾸몄다.

그런데 막상 이층 침대를 놓고 보니 문제가 생겼다. 창문의 위쪽이 가려져 햇빛이 차단된 것이다. 그래서 실내조명을 군데군데 설치하고, 커튼도 침대 모서리까지만 내려오게 해 아래층은 충분히 햇살이 들도록 했다.

그리고 침대 모서리에는 이케아의 '바리에라 수납함'을 걸어 안경이나 자명종 시계 등을 넣을 수 있게 하고, 언제든 침대에서 책을 꺼내볼 수 있도록 침대 높이에 맞춰 책 꽂이도 만들어 달았다.

TIP

좁은 공간을 넓어 보이게 만들기 위해서는 색과 무늬의 선택도 중요하다.
흰색과 스트라이프 무늬는 공간을 확장시켜 보이게 한다.

침대 아래층은 아이가 공부나 독서, 만들기 등을 하는 공간으로
꾸몄다. 천장이 낮아서 아늑하고, 창문으로 빛이 충분히 들어
오기 때문에 작업에 집중할 수 있다. 또한 밤이 되면 침대 아
래에 설치한 스포트라이트 조명을 켜면 은은하게 빛난다.

▲ 자투리 공간마다 수납 공간을 마련하면 좋다.
사진 속 봉과 S자 고리는 모두 이케아 제품.
여기에 통조림통을 걸어 필기구를 보관했다.

방에는 기본 조명과 더불어 포인트를
줄 수 있는 조명도 중요하다.
스포트라이트 조명으로 여러 개의 광점
을 내면 따뜻한 분위기의 방이 된다.

"생활공간을 나누는 것도
좁은 공간을 효율적으로 사용할 수 있는 방법이다.
취침 공간, 놀이 공간, 작업 공간 등을 확실히 나누자."

빨간 어린이 의자

야네테 바우어
JEANETTE BAUER

어린이 가구는 가장 사랑스러운 가구이면서 공간에 포인트를 주는 존재이다. 아이들은 성장하므로 언젠가는 어린이 가구를 쓰지 않게 되겠지만, 계속 사람의 눈길을 끌며 나름의 매력을 발산하는 것이다.

특히 사진 속의 빨간 어린이 의자를 보는 순간, 나는 그 유니크한 매력에 완전히 반해버렸다. 어린 딸이 앉기에는 그다지 안정적으로 보이지는 않았지만, 딸이 걸을 수 있을 정도로 자라고 책상에서 활동할 수 있는 나이가 되면 그저 예쁜 장식물이 아닌 본연의 기능도 다할 수 있을 것 같았다. 그래서 나는 이 빨간 의자를 구입해 하늘색 레이스를 달아 리폼했다.

그러나 2년이 지난 지금, 레이스는 군데군데 떨어지고 색이 바랜 데다가 몇 군데 수리까지 필요하게 되었다. 나는 색이 바랜 레이스를 떼어내고 의자를 닦은 뒤 플라스틱 소재의 레이스와 앵무새 그림이 그려진 광택 인화지를 준비했다. 그리고 광택 인화지에 접착제를 발라 의자에 붙이기 시작했다. 인화지는 딸이 원하는 자리에 붙여주었는데, 인화지의 장점은 투명 래커가 없어도 데쿠파주 DECOUPAGE. 오려낸 종이를 붙이는 기법용 접착제를 이용하면 표면에 광택을 줄 수 있다는 점이다. 물론, 혹시라도 아이가 손가락으로 그림을 떼어내지 않을까 걱정이 된다면 투명 래커를 붓으로 발라 보호막을 만들어주어도 좋다.

나는 앞으로도 공간에 포인트를 주는 어린이 가구로 집 안 곳곳을 '말괄량이 삐삐'와 같은 분위기로 만들 생각이다.

준비물

재료
- 이케아 어린이 의자
- 광택 인화지
- 데쿠파주용 접착제
- 플라스틱 레이스

공구
- 붓

▲ 리폼 전의 의자. 빨간색만으로도 공간에 독특한 분위기를 부여한다.

공주 스타일 침대

야네테 바우어
JEANETTE BAUER

준비물

재료
- 이케아 침대
- 리본 띠
- 스펀지
- 천
- 합판

공구
- 스테이플 건
- 지그소

나는 십 대 시절에 사용하던 이케아 침대를 가지고 있다가 공주풍 침대로 리폼해 딸에게 선물했다. 원래는 부모님 댁에 두고 손님용으로 사용했는데, 딸의 생일을 맞아 의미 있는 선물을 해주기로 한 것이다.

이 침대는 높은 헤드보드가 포인트이다. 나는 이 헤드보드를 종이에 본떠 얇은 합판에 미리 스케치해두었는데, 대칭으로 그리는 게 쉽지는 않았다. 지금 생각해보면 종이를 반으로 접어 그렸으면 될 일이었지만, 그때는 생각지도 못했다. 합판을 지그소로 자르는 작업은 지인의 도움을 받았다.

1
리폼 전의 침대. 무채색에 단조로운 형태이다.

2
얇은 합판에 헤드보드의 모양을 스케치한 후 지그소로 절단한다.

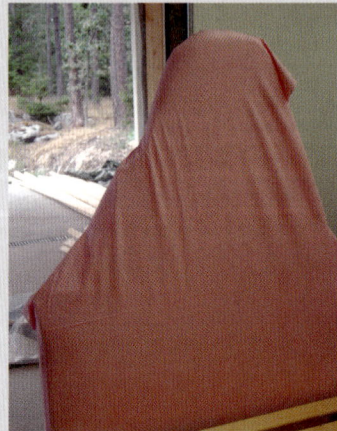

3
새로 제작한 헤드보드를 기존의 헤드보드에 붙인 후 스펀지를 덧대고 천을 입힌다.

스펀지는 미리 떠놓은 헤드보드 본이나 잘라놓은 합판을 본으로 해 만들면 된다.
나는 기존의 헤드보드에 새로 제작한 헤드보드를 나사로 고정한 다음, 스펀지를
앞쪽에 붙이고, 천을 씌웠다. 그리고 천을 팽팽하게 잡아당겨 뒷면에 여러 개의
쇠못을 박아 고정했다. 침대 프레임 전체에도 천을 입히면, 근사한 공주풍 침대 완성!
그러나 막상 아이 방에 침대를 놓고 보니 무언가가 아쉬웠다. 그래서 헤드보드의
가장자리에 진분홍색 띠를 둘렀다. 그랬더니 헤드보드의 모양도 두드러지고 훨씬
마음에 들었다. 이 개성이 넘치는 침대를 딸아이가 매일 밤 사용할 수 있게 되었다니!
밤에 보면 침대 덕분에 방이 아주 환상적으로 보인다. 게다가 딸은 이 공주풍의
헤드보드를 보면서 자고 싶다고 일부러 발 쪽으로 머리를 두고 자기도 한다. 이렇게
거꾸로 자는 걸 더 좋아해서 문제지만!

TIP

헤드보드의 형태는 상상력을 발휘해
만들어보자!
천을 구입할 때는 나중에 쿠션이나
소품도 함께 만들 수 있을 만큼
넉넉하게 사는 것도 좋다.

▲ 바느질로 두른 리본 띠가
헤드보드의 형태를 강조하는 역할을 한다.

명예의 전당이 된 어린이 책상

야네테 바우어
JEANETTE BAUER

딸에게 사준 이케아의 중고 어린이 책상은 우리 집의 '명예의 전당'과 같은 장소이다. 창문 아래 가장 밝은 곳에 있어 색칠놀이와 그림 그리기 작업에 최상의 장소이며, 책을 읽기에도 딱 좋다. 그러나 내 눈에는 밋밋한 하얀 책상을 조금만 꾸미면 완벽해질 것 같았다!

그래서 나는 꽃무늬 벽지를 잘라서 책상다리와 상판 아래의 틀에 붙이고, 책상 모서리는 핑크색 접착 장식 띠를 둘렀다. 책상 자체도 예쁘게 변신했을 뿐 아니라, 방 전체와도 조화롭다.

준비물
재료
• 이케아 어린이 책상
• 벽지
• 장식 띠
공구
• 가위
• 도배용 풀

특별한 디자인의 암체어

야네테 바우어
JEANETTE BAUER

특별한 추억이 깃든 가구는 애착 관계가 형성되기 마련이다. 내겐 십 대 시절 용돈을 모아 산 첫 가구인 이케아의 암체어가 그러하다. 이 의자는 이사할 때에도 꼭 가지고 다녔고, 오래될수록 향수를 불러일으켜 평생 옆에 두고 싶은 마음마저 생겼다.

나는 흰색인 암체어의 외관을 두 번 정도 바꾸었다. 처음에 베이지색으로 바꾸었다가, 최근에 빨강과 흰색으로 바꾼 것이다. 의자를 리폼하는 데 필요한 것은 자투리 천과 스테이플 건, 바늘과 실 그리고 약간의 인내심이 전부였다. 우선 의자의 개별 부위에 따라 천을 재단하고, 재단한 천을 직접 손바느질로 연결했다. 개인적으로 큼직한 바늘땀도 디자인의 한 부분으로 보여 멋스럽게 느껴진다. 의자 아래로 내려온 천은 스테이플 건으로 고정하는 게 가장 좋다. 딱딱한 의자 프레임에 천을 강력히 고정하는 데에는 스테이플 건만 한 게 없다. 이렇게 의자 본연의 편안함과 안락함을 유지하면서 대담하고 경쾌한 디자인으로 변신!

준비물

재료
- 이케아 암체어
- 바늘
- 실
- 천

공구
- 스테이플 건

▲ 리폼 전의 암체어.

IKEA
DIY

욕실
+
Bathroom

전신주에 수건을 걸다

이사벨라 발덴마이어
ISABELLA WALDENMAIER

우리 집의 욕실 벽에는 전신주 그림이 있는데, 나는 이 전신주의 전선에 수건이 걸려 있는 것 같은 시각적 효과를 주고 싶었다. 그 때 마침 창고에 두었던 이케아의 '세베른 욕실 시리즈'의 스테인리스 샤워커튼 봉과 2개의 금속 홀더 부속품이 떠올랐다! 나는 물건을 새로 사기보다 재사용하는 것을 좋아해서 이 샤워커튼 봉을 멋진 수건걸이로 변신시키기로 했다.

1
샤워커튼 봉을 쇠톱으로 잘라서 2개로 만든다. 이때 절단한 봉은 접은 수건의 폭보다 조금 더 길어야 한다.

2
샤워커튼 봉의 홀더를 벽의 전신주 그림에 동화되도록 검은색으로 칠하고, 잘라놓은 샤워커튼 봉을 홀더 사이에 눌러 넣는다.

3
완성된 수건걸이를 나사로 벽에 박아 고정하고, 나사 머리는 붓으로 검게 칠한다.

전신주에 수건이 걸려 있는 것처럼 보이는 이 수건걸이는 우리 욕실의 멋진 아이 캐처이다. 게다가 가장자리에 딸의 운동화를 걸어놓자 절정을 이루었다. 전봇대나 나무에 걸린 운동화가 바람에 매달려 흔들리는 풍경을 우리 집 욕실에 옮겨놓은 듯하지 않은가?

서랍 안에 색을 입힌 욕실 수납장

이사벨라 발덴마이어
ISABELLA WALDENMAIER

준비물

재료
- 이케아 **고드모르곤 하부장**
- 데코 시트지

공구
- 분무기
- 커터 칼

TIP

시트지를 붙일 위치를 제대로 맞추면
기포가 생기지 않는다.
자, 시작해보자!

우리는 욕실의 세면 시설이 실용적임과 동시에 예뻐야 한다고 생각했다. 그래서 적당한 물건을 찾아 헤매던 중 이케아에서 '고드모르곤'이라는 모델명의 세면대 하단 수납장을 발견했다.

그러나 시중에 파는 대부분의 세면기기가 그러하듯이 흰색인 것이 마음에 들지 않았다. 그래서 가장 빨리 닳아서 보기 싫어지는 서랍 안쪽에 포인트를 주기로 하고, DIY 전문 매장에서 데코 시트지를 사서 붙이기 시작했다. 결과물은 예상보다 더 훌륭했다. 매일 아침 서랍을 열 때마다 싱그러운 녹색이 보이니 기분이 좋아지고, 시트지 특유의 성질 때문에 청소도 훨씬 수월해졌다.

시트지는 붙이기도 쉽지만, 떼어내기도 쉬운 재료이다. 지겨워지면 무늬가 있는 시트지나 다른 색의 시트지를 붙이면 그만이다. 겉모습은 하얘서 깔끔해 보이지만 서랍을 열면 컬러풀한 매력이 돋보이는 우리 집 욕실 수납장은 그 자체로 아주 개성 있고 독특한 가구로 변신했다.

"가장 빨리 닳아서 보기 싫어지는 서랍 안쪽 공간에
싱그러운 녹색으로 포인트를 주었다.
지겨워지면 무늬가 있는 시트지나 다른 색으로 바꿀 생각이다."

1

서랍 안쪽의 크기를 재고, 바닥과 옆면을 본떠
데코 시트지를 재단한다.

2

분무기에 물과 주방용 세제 몇 방울을 채운
다음 서랍 안쪽에 뿌리고, 데코 시트지를 붙
인다. 이때 수건으로 중앙에서 바깥으로 쓸어
주어야 깔끔하게 붙는다.

3

가장자리의 남은 데코 시트지를 잘라 정리한다.

+ + 2011년 2등 수상작 + +

천 개의 꽃병으로 만든 욕실 벽

말로스 반 헤테렌 **MARLOES VAN HETEREN**

▲ 욕조가 높아서 물이 밖으로 튀지 않는다.

▲ 욕실의 한쪽 벽에 세면대와 큰 거울을 설치했다.

▲ 꽃병으로 만든 벽은 욕실의 빛을 반사해
거실도 고급스러운 분위기로 만든다.

암스테르담에 사는 네덜란드 출신의 건축가 말로스 반 헤테렌은 이케아 제품에 아주 새로운 기능을 부여했다. 이케아의 '렉탕엘 꽃병' 1,000개로 투명하고 둥근 형태의 욕실 벽을 만든 것이다.

이 프로젝트는 정말로 '틀을 깨는' 훌륭한 아이디어였기 때문에 이케아 해커들을 들썩이게 했다. 오래된 대들보가 보존된 탁 트인 거실 한복판에 래커칠을 한 꽃병이라는 인테리어 소품만으로 현대식 느낌의 벽을 설치했기 때문이다. 접착제 또한 투명한 것을 사용해 낮에는 햇빛이 들어 욕실이 화사하게 빛나고, 저녁에는 욕실 조명이 주변 공간에서까지 드리워져 무척 아름답다.

꽃병으로 만든 벽은 인터넷상에서 폭발적인 반응을 불러일으켰다. 많은 사람이 이 벽을 환상적이고 독창적이며, 아름답고, 혁신적이라고 생각했다. 반면 어떤 사람들은 실용성이 없고, 불안정하며, 값도 비싸고 깨끗하게 유지하기가 어렵다고 여겼다. 또 물기와 냄새가 집 안 다른 공간까지 퍼진다고 비판하기도 했다.

이러한 비판에 대해 말로스는 이렇게 말한다. "저는 이 욕실을 몇 년째 잘 사용하고 있어요. 꽃병은 특가로 나왔을 때 2천 달러 이하로 아주 저렴하게 구입했지요. 무게도 일반 유리 건축자재보다 가볍고, 벽을 청소하기도 아주 쉬워요."

작은 아이디어가 빛나는 비누받침

피파 PIPPA

번뜩이는 아이디어는 의도치 않게 찾아오며, 이러한 아이디어는 생활을 편리하게 만든다. 시카고 출신인 피파의 독창적인 비누받침 아이디어도 이렇게 탄생했다. 이 비누받침은 「이케아 해커스」에서 2011년 최고의 작품으로 인정받아 3등에 입상했다. 피파는 리폼 과정에 대해 다음과 같이 이야기한다.

"비누를 사용한 후 비누받침대에 올려놓으면 늘 비눗물이 세면대 아래로 흘러내렸어요. 전 이게 참 거슬렸죠. 그래서 늘 세면대 안쪽에 고정할 수 있는 비누받침대를 찾아 헤맸어요. 그러다가 엉뚱하게도 이케아의 주방 코너에서 그물 국자가 눈에 들어왔지요. 저는 이 그물 국자를 사서 클램프 CLAMP. 물건을 안으로 죄어 움직이지 못하게 잡는 공구에 끼워 넣고 손잡이를 세면대 모서리에 맞물리게 구부렸어요. 그리고 구부린 손잡이를 적당한 길이로 자르고 날카로운 끝 부분을 연마해 부드러운 접착테이프를 붙였지요. 접착테이프를 붙인 이유는 세면대에 흠집을 내지 않기 위해서예요. 자, 이렇게 해서 비누 찌꺼기와 물방울이 세면대 안으로 떨어지는 완벽한 비누받침대 완성!"

"번뜩이는 아이디어는 의도치 않게 찾아오며, 이러한 아이디어는 생활을 편리하게 만든다."

▲ 피파는 세면대 위에 계속 생기는 물때가 너무 거슬렸다. 그리고 이 문제를 단돈 3달러로 해결했다.

IKEA
DIY

조명
+
Lighting

띠 벽지를 두른 크나파 램프

카롤리나 세이볼드
CAROLINA SEYBOLD

많은 사람이 그랬듯이 나 역시 이케아에서 출시한 크나파 램프*를 보자마자 사랑에 빠졌다. 이 램프는 덴마크 출신의 디자이너 듀오 '플레밍 브릴'과 '프레벤 야콥슨'이 만든 것으로 이케아의 베스트셀러이다.

나는 이 팬던트 램프를 오랫동안 식탁 위에 달아서 사용해왔는데, 언제부터인가 변화를 주어야겠다고 생각했다. 그래서 램프를 분해하고, 전등갓 프레임에 띠 벽지를 붙여 완전히 새로운 느낌의 플로어 램프를 만들었다.

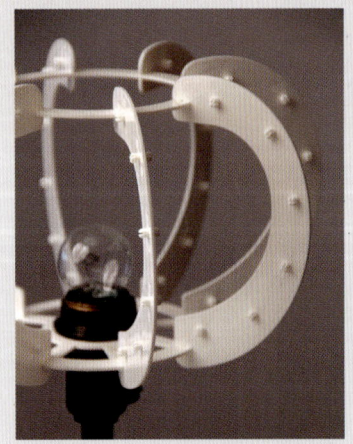 

1
램프의 기존 전등갓이었던 플라스틱판을 제거하고 프레임만 남긴다.

2
다양한 무늬의 벽지를 띠 형태로 자르되, 위아래에 끼울 띠 벽지는 조금 짧게, 중앙에 끼울 띠 벽지는 조금 길게 자른다. 그리고 우측 상단 모서리에 펀치로 구멍을 내 프레임의 작은 돌기에 끼운다.

3
구멍 몇 군데에 양면테이프를 붙여 단단히 고정하면 새로운 전등갓 완성. 중고로 구입한 플로어 스탠드 몸체를 전등갓의 디자인과 어울리도록 검은색으로 칠하고, 위에 전등갓을 올려 마무리한다.

TIP

벽지 전문점에 남는 벽지가
있는지 알아보거나 무료 벽지
견본을 구하는 것도 방법이다.

*크나파 램프

크나파 램프는 2003년 덴마크 출신의 디자이너 플레밍 브릴과 프레벤 야콥슨이 만든
작품이다. 이들은 1965년에 이미 첫 DIY 램프를 출시한 바 있는데 주로 건축에서 많은
영감을 받는다고 한다. 실제로 이들이 만든 클리퍼(Clipper) 램프 역시 시드니 오페라
하우스의 휘어진 곡면을 상기시킨다.
크나파 램프는 이케아가 클리퍼 램프를 개조해달라고 의뢰해서 탄생한 제품이다. 이들의
표현에 따르면, 검은색 크나파 램프는 원작의 단아함을 발산한다고 한다.

크나파 램프의 세 가지 버전

오사 요안손
ASA JOHANSSON

준비물

재료
- 이케아 크나파 램프
- 스탠드 몸체
- 접착면이 있는 전등갓 판
- 리넨

공구
- 가위
- 펀치

오사 요안손은 전등갓 재료를 구하는 과정에서 재료 선택이 매우 제한적이라는 사실을 알게 되었다. 그래서 그녀는 램프 제작에 필요한 양질의 재료를 직접 공급하면 어떨까 생각했고 이러한 생각을 바탕으로 램프 DIY 제품을 파는 인터넷 회사를 설립했다.

DIY 시장의 규모가 점점 커지면서 맞춤 제작형 인테리어 제품을 원하는 사람이 많아졌다. 오사는 이러한 트렌드를 파악하고 단품 재료뿐만 아니라 완성품을 만들 수 있는 조립식 세트도 제공한다. 그리고 그녀의 제품은 품질이 우수하고 화재에 강하며 몇 년이 지나도 퇴색하지 않는다.

이 장에서는 오사가 만든 크나파 램프의 세 가지 버전을 소개한다. 모두 같은 프레임을 사용했으니 전등갓의 형태만 바꿔주면 된다.

붉은 리넨을 사용한 플로어 램프

전등갓용으로 어떤 천이 좋을까? 사실 어떤 천이든 상관없지만 나는 리넨을 권하고 싶다. 아늑한 느낌을 줄 뿐만 아니라, 조직이 아름답게 드러나기 때문이다. 리넨의 색상이 진할수록 조직 사이로 빛이 더 잘 비친다.

여러분이 가지고 있는 천이 전등갓용으로 적합한지 알아보려면 램프를 켜고 직접 대보는 것이 좋다. 천에 빛이 잘 비치는지, 조직 사이로 발산하는 빛이 마음에 드는지를 확인해보라.

전등갓이 흰색이면 빛을 세기를 약화시켜 아늑한 분위기를 만들어준다. 그러므로 환한 조명을 원한다면 접착면이 부착된 투명판을 전등갓 판으로 사용하고, 여기에 밝은 색의 리넨이나 시폰 또는 안감으로 사용하는 천으로 전등갓을 만들자. 원하는 빛을 얻을 수 있다.

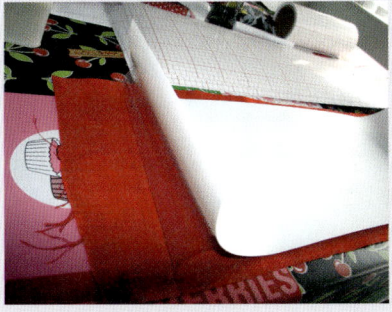

1

붉은색 리넨을 약 160×120cm 크기로 준비해 다리
미로 다리고, 접착이 가능한 전등갓 판을 25×37cm
크기로 8조각을 준비한다. 전등갓 판에는 뒷면에
모눈이 있어 재단하기 편하다.

2

전등갓 판의 보호막을 떼어내고 붉은색 리넨에 한 장
씩 붙인다. 이때 주름이나 기포가 생기지 않게 조심
하자.

3

전등갓 판 가장자리에 양면테이프를 붙이고, 천의
가장자리를 안으로 접어 붙여 실밥이 날리지 않도
록 정리한다.

4

천을 붙인 전등갓 판을 취향에 따라 크나파 프레임에
고정시킨다. 크나파 모델은 천을 붙인 전등갓 판이
위아래로 각각 4cm씩 튀어나오도록 설계되어 있다.

"리넨은 아늑한 느낌을 줄 뿐 아니라, 조직이 아름답게
드러나기 때문에 램프용으로 사용하기에 좋은 소재이다.
환한 빛을 원한다면 밝은 색의 리넨이나 시폰 등을 사용해도 좋다."

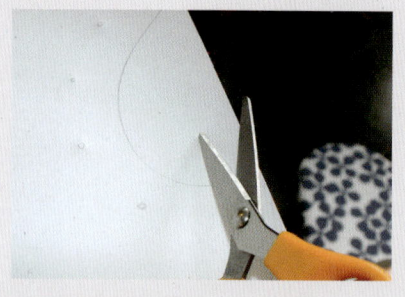
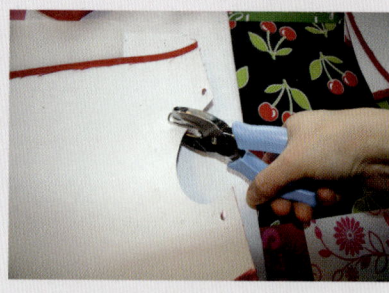

5

크나파 프레임은 위아래에 플라스틱 링이 있고, 이 링에 아치형 프레임이 있는데 여기에는 균일한 간격으로 작은 돌기가 있다. 이 돌기와 전등갓에 난 구멍이 서로 맞물려서 고정되는 것이다.

우리가 만드는 전등갓 판에도 이 돌기에 끼울 구멍이 필요하다. 전등갓 판을 아치에 대고 세게 누르면 홈이 생기는데, 이 홈을 따라 구멍을 뚫는 것이 가장 간편한 방법이다. 홈이 파인 곳을 연필로 표시해두어도 좋다.

6

이제 이 홈에 펀치를 뚫을 차례이다. 펀치가 홈에 잘 닿지 않을 것이니, 전등갓 판의 안쪽을 반원 모양으로 잘라낸 다음, 펀치를 뚫는다.

7

잘라낸 부분은 어차피 램프의 안쪽이므로 천의 실밥이 튀어나와도 괜찮다. 이 점에 유의하며 꼼꼼히 전등갓 판 8개를 모두 프레임의 돌기에 꽂아 고정한다. 그러면 붉은색의 크나파 플로어 램프 완성! 아늑하고 우아한 느낌의 빛을 얻을 수 있다.

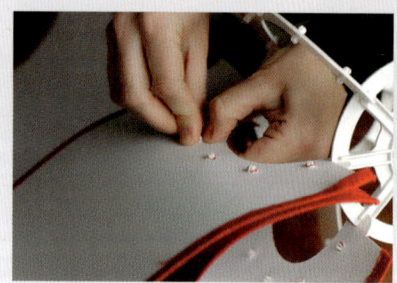

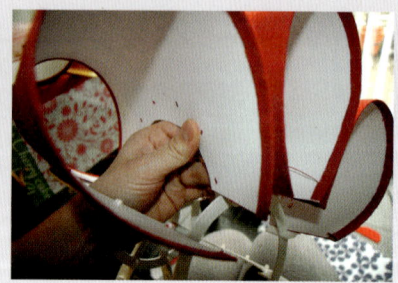

준비물

재료
- 이케아 크나파 램프
- 접착면이 없는 전등갓 판
- 종이

공구
- 가위
- 송곳
- 펀치

커다란 원뿔 형태의 팬던트 램프

기존의 크나파 램프 프레임을 이용한 새로운 형태의 팬던트 램프이다. 몇 번의 시행착오로 비용이 좀 들긴 했지만, 유기적인 형태의 아름다운 원뿔형 램프가 완성되었다. 작업의 첫 단계는 지름 40cm의 원을 만드는 것이다.

1
큰 사발이나 둥근 접시를 사용하여 전등갓의 본을 뜬다. 원의 형태가 클수록 전등갓의 크기도 커진다.

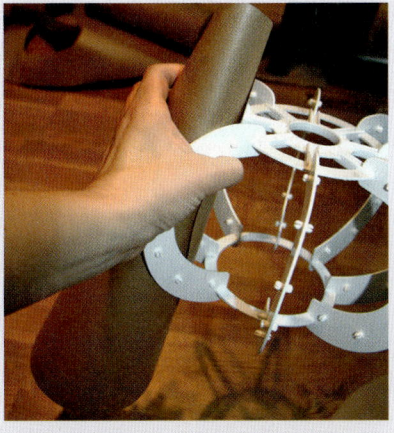

2
본을 뜬 종이를 돌돌 말아서 원뿔형으로 만든 다음 각 원뿔을 프레임의 아치와 아치 사이에 고정한다. 이때 완벽한 원뿔형을 만드려면 여러 번 형태를 잡아야 한다. 원뿔을 다는 위치에 따라 전체적인 인상이 달라지니 주의하자.

크나파 모델은 같은 형태의 전등갓 판 8개가 필요하다. 종이가 넉넉하다면 비대칭적인 형태를 시험해 볼 수도 있는데, 그렇게 하면 매우 특이한 전등갓을 만들 수 있다.

전등갓을 재단하기 전에는 일단 종이로 충분히 형태를 시험해보는 것이 좋다. 만족스러운 형태가 나오면 프레임의 아치 사이에 맞게 원뿔을 잘라야 하는 곳에 표시한다.

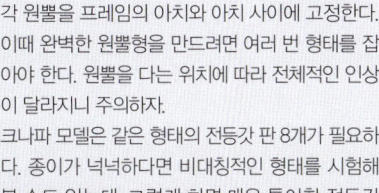

3
본이 완성되면 전등갓 판에 올린다. 나는 흰색 판을 사용했는데, 다른 색을 사용해도 된다. 접착면이 있는 전등갓 판이라면 천이나 벽지를 붙일 수 있으며 인터넷으로 구입할 수 있다.

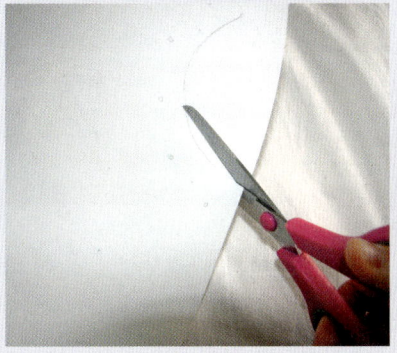

4
본을 따라 전등갓 판을 재단하고, 원뿔을 만든다.

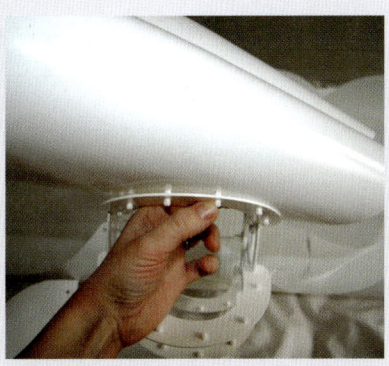

5
원뿔을 프레임의 돌기에 끼워야 하므로 원뿔을 적당한 위치에 대고 돌기에 맞춰 홈을 만든다.
그리고 연필이나 송곳으로 홈을 확실하게 표시한 다음 펀치나 천공기로 구멍을 뚫는다.
구멍을 여러 개 뚫어야 하므로 품질이 좋은 펀치를 사용하자. 작업이 수월해진다. 마지막으로 새로 만든 진등깃을 프레임에 눌리시 고정히면 완성.

준비물

재료
- 이케아 크나파 램프
- 벽지
- 스탠드 몸체
- 접착면이 있는 전등갓 판

공구
- 가위
- 송곳
- 펀치

위트 있는 벽지를 사용한 플로어 램프

이 램프는 기존의 흰색 전등갓과 벽지를 함께 이용한 작품이다. 벽지를 붙인 전등갓은 아무래도 빛 투과율이 높지 않으므로 기존의 전등갓과 함께 이용하면 더 은은하고 밝은 빛을 감상할 수 있다. 즉, 흰색 전등갓이 많이 남아 있을수록 빛이 더 잘 발산된다. 나는 기존의 크나파 램프에서 위아래 단의 전등갓 16개를 제거하고, 접착면이 있는 전등갓 판에 벽지를 붙여 대체했다. 벽지는 위트 있는 디자인이었으면 해서 『마리메코 MARIMEKKO』의 암소 무늬 벽지를 사용했다. 무늬를 맞추지 않아도 되므로 2m 정도면 충분하며, 만약 무늬를 맞춰야 하는 벽지를 골랐다면 이보다 많이 준비해야 한다. 집에 남아 있는 벽지로 만들고 싶은데 양이 너무 적다면 전등갓 몇 개만 바꿔도 된다. 아주 독특한 램프가 탄생할 것이다. 산발적으로 얼룩진 색상의 램프는 공간을 재미있게 만든다.

▲ 전등갓 판에 미리 구멍을 뚫어놓은 다음 프레임에 고정한다.

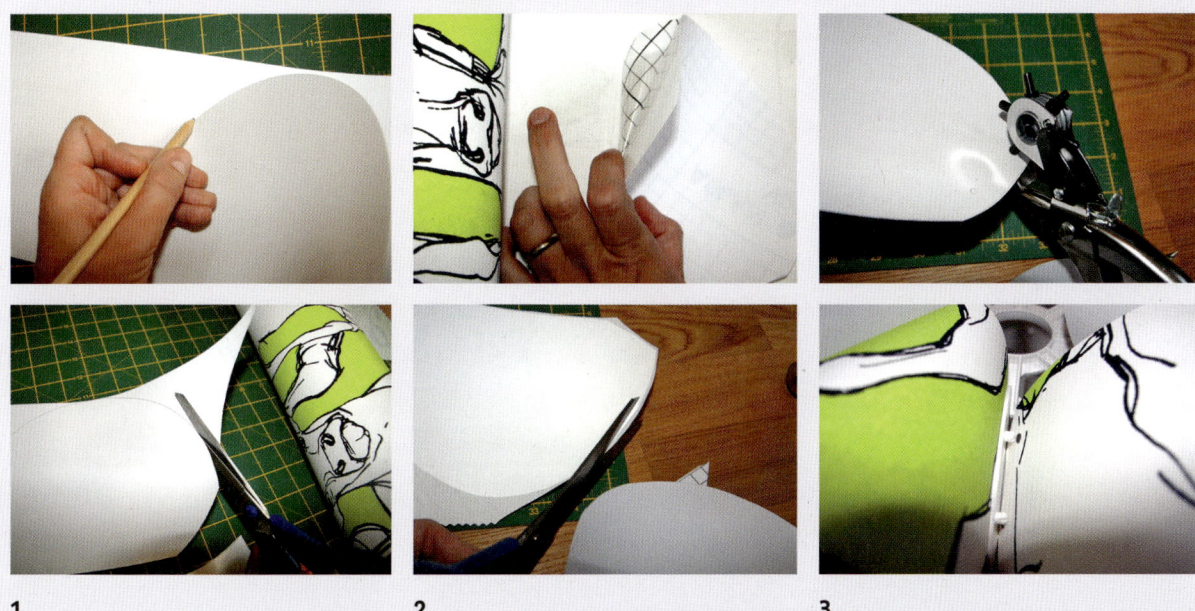

1
원래 달려 있는 전등갓 판을 본으로 삼아 접착면이 부착된 전등갓 판을 만든다. 같은 방법으로 전등갓 판 16조각을 준비하고, 송곳이나 연필로 구멍 뚫을 자리를 표시한다.

2
준비한 전등갓 판의 보호막을 제거하고 벽지를 붙인다. 가장자리에 튀어나온 벽지는 깔끔하게 잘라내자.

3
펀치나 천공기로 구멍을 뚫고, 전등갓 판을 프레임에 고정한다. 그리고 준비한 스탠드 몸체에 올리면 끝! 독특한 형태의 램프가 완성되었다.

실을 감은 플로어 램프

엠마 룬드그렌
EMMA RUNDGREN

준비물

재료
- 이케아 플로어 램프
- 면사
- 스프레이형 래커
- 테이프

나에게는 오래전부터 사용하던 이케아의 플로어 램프가 있다. 전등갓이 야자 섬유로 감겨 있는 독특한 램프였는데, 나는 이 램프를 좀 더 세련되게 바꾸고 싶었다. 그래서 램프의 몸체와 받침대에 검은색 스프레이형 래커를 뿌리고 연두색 면사를 전등갓의 위아래 링 둘레에 돌돌 감기 시작했다. 군데군데 틈이 생기면 실 사이를 좁혀서 촘촘히 감으면 된다. 마지막으로 테이프를 이용해 실 끝을 램프 안쪽으로 숨기면 완성. 모양은 비슷하지만 밝은 색 실을 사용해 더 상큼해졌다.

▲ 리폼 전의 램프. 오랫동안 사용하다가 지겨워져서 리폼을 결심했다.

장식용 플로어 램프

야네테 바우어
JEANETTE BAUER

우리 집에 있는 플로어 스탠드는 침대 옆에 두고 독서용 램프로 사용하기도 하고, 차고에 두고 차를 수리할 때 사용하기도 했다.

그러다가 이 플로어 스탠드를 몇 년간 밖에 방치하게 되었는데, 바람과 궂은 날씨에 노출되는 모습을 보자 나는 이 스탠드의 슬픈 운명을 구원해야겠다는 생각이 들었다. 다행히 스탠드는 외관만 살짝 망가졌을 뿐 성능은 그대로였다. 이 스탠드를 리폼하기 위해 천과 가위, 접착제를 준비했다. 천은 꽃무늬의 파스텔 톤을 선택했고, 이 천을 띠 모양으로 길게 잘라서 미리 접착제를 발라둔 막대 모양의 몸체와 전등갓, 전선에 둘둘 감았다.

그 결과 쓰레기통으로 직행할 뻔했던 램프는 장식적인 요소를 더한 작품으로 변신했다. 그리고 지금은 우리 가족이 가장 사랑하는 소품이 되었다.

준비물
재료
• 이케아 리스타 플로어 램프
• 가위
• 리본
• 접착제
• 천

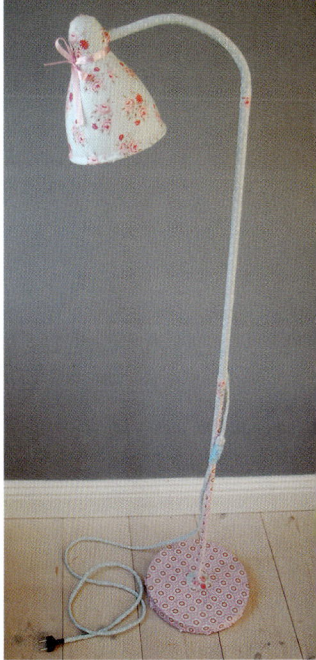

IKEA
DIY

그 외 리폼 프로젝트

+

Etc project

할리퀸 벽지를 붙인
귀여운 스텝 스툴

야네테 바우어
JEANETTE BAUER

TIP

계단면은 벽지에 있는 색상 가운데
하나로 칠하자. 화려하지만 차분한
느낌을 낼 수 있다.

이케아의 '베크벰 스텝 스툴'은 튼튼하고 저렴해 실용적인 아이템이다. 나는 오랫동안 사용하던 이 스툴을 차고에 두고 사용하기로 했다. 차고의 높은 곳에 있는 물건을 꺼내기가 쉽지 않았기 때문이다. 그리고 어두컴컴한 차고에 두려면 눈에 확 띄는 색으로 리폼하면 좋을 것 같았다.

나는 가구를 칠할 때면, 대부분 주변 환경과 조화롭도록 은은하게 칠하는 편이다. 그러나 이번에는 좀 더 상상력의 나래를 펼치고 싶었다. 그래서 내구성이 강해야 하는 계단면에는 페인트를 칠하고, 프레임 부분은 데쿠파주용 접착제를 이용해 다양한 색상의 할리퀸 무늬의 벽지를 발랐다. 그랬더니 밋밋했던 스툴이 컬러풀하고 귀여운 가구로 재탄생했다! 예전에 사두었던 알록달록한 할리퀸 벽지가 드디어 빛을 발한 것이다.

벽지는 띠 모양으로 적당히 자른 다음, 프레임에 접착제를 바르고 다리부터 완전히 휘감았다. 물론, 이 벽지는 오래가지 않을 것이다. 그러나 벽지가 닳으면 다른 벽지로 둘둘 감기만 하면 되니 걱정은 없다. 이 리폼 작업은 총 두세 시간밖에 걸리지 않았다.

▲ 이전에는 흰색으로 칠해 사용하기도 했다.

예쁜 옷을 입은 수납박스

야네테 바우어

JEANETTE BAUER

준비물

재료
- 이케아 수납 박스
- 도배용 풀
- 포장지

공구
- 가위
- 붓

나는 이케아에서 납작하게 접어서 파는 수납박스를 좋아한다. 나사만 박으면 쉽게 조립할 수 있고, 수납 공간이 넓어 유용하기 때문이다.

그러나 시간이 지나니 이 박스도 누렇게 변색해 볼품없어지기 시작했다. 그래서 이 문제를 어떻게 해결할까 고민하다가 예쁜 포장지를 붙여 리폼하기로 했다.

방법은 간단하다. 박스의 가장자리까지 포함하여 치수를 재고, 치수대로 포장지에 본을 떠 자른 다음, 박스에 붙이기만 하면 된다. 뚜껑에는 본체와 다른 포장지를 붙여 포인트가 되면서 산뜻하게 연출했다.

"이케아의 수납 박스는 종류가 무척 많다.
특히 네임태그가 붙어 있는 박스는
용도를 표기해 계절용품을 보관하기에 좋다."

페이즐리 패턴의 화사한 의자

켈리 안더손
KELLY ANDERSON

준비물

재료
- 이케아 노르드뮈라 의자
- 벽지
- 스프레이형 접착제
- 투명 래커

공구
- 가위
- 붓
- 스패너
- 커터 칼

TIP

투명 래커는 여러 겹 덧바르는 것이 좋다. 한번에 많이 발라 벽지가 축축해지면 부풀어 오르며 기포가 생길 수 있기 때문이다. 또한, 통에는 투명이라고 표기되어 있어도 노란색을 띠는 경우도 있으니 주의하자.

인테리어 디자이너 켈리는 캘거리의 이케아 매장 특가 코너에서 '노르드뮈라 의자'를 손에 넣었다. 좌석에 약간 흠집이 있기는 했지만, 켈리의 리폼 프로젝트에는 제격이었다. 그녀는 자신의 블로그에 의자 리폼에 대한 질문이 여러 차례 들어온 것을 보고 리폼 방법을 간략하게 공개했는데 과정은 매우 간단하다.

"우선 스패너로 의자 등받이의 나사를 뺀 뒤, 등받이의 윤곽을 벽지에 베꼈어요. 그리고 벽지를 여유 있게 재단한 다음, 벽지 뒷면에 스프레이형 접착제를 뿌리고 등받이에 붙였지요. 그리고 가장자리는 커터 칼로 깔끔히 잘라 마무리했어요. 등받이의 앞면과 좌석 부분도 같은 방법으로 작업합니다. 그리고 이 작업의 포인트는 벽지를 보호하고 가장자리가 떨어지는 것을 방지하기 위해 무광 투명 래커를 한 번 더 바르는 거예요. 그러나 너무 많이 바르면 벽지가 무르고 기포가 생기니 주의해야 해요. 그리고 등받이에 있는 나사 구멍을 연필로 뚫고 다시 의자에 달면 완성! 자, 여러분도 시도해보세요. 여러분이 리폼한 작품도 다른 사람에게 영감을 줄 수 있답니다."

▲ 페이즐리 패턴의 벽지 덕분에 의자가 고풍스러워 보인다.

물방울무늬 커튼 봉

야네테 바우어

JEANETTE BAUER

나는 아주 오랫동안 컬러풀하고 독특한 디자인의 커튼 봉을 구하기 위해 노력했다. 그러나 일반적인 틀에서 조금이라도 벗어난 커튼 봉은 어느 곳에서도 찾을 수가 없었다.

그때 이케아에서 가장 저렴한 커튼 봉과 은색 브래킷이 눈에 들어왔다. 모양은 평범하고 밋밋했지만 가격이 저렴하고, 무엇보다 변신할 잠재력이 무궁무진해 보였다.

준비물

재료
- 이케아 브래킷
- 이케아 커튼 봉
- 접착제
- 패브릭 띠
- 페인트

공구
- 붓

우선 커튼 봉에 접착제를 바르고 물방울무늬 패브릭 띠를 둘렀다. 그리고 커튼 봉의
양 끝과 브래킷을 핑크색 페인트로 두 번 정도 덧발랐다. 그랬더니 아이 방에 완벽히
어울리는 사랑스러운 커튼 봉으로 변신! 이렇게 평범한 은색 커튼 봉은 아이 방의
완벽한 아이 캐처로 변모했다.

"상상력을 가미하면
밋밋한 커튼 봉도 멋진
아이 캐처가 된다!"

▲ 리폼 전의 커튼 봉.

포장지를 입힌 사랑스러운 옷걸이

야네테 바우어
JEANETTE BAUER

준비물

재료
- 이케아 옷걸이
- 접착제
- 포장지

공구
- 가위
- 붓

나는 할머니의 유품으로 받은 나무 옷걸이에 패브릭 띠를 두르고, 작은 장미꽃을 단 장식을 한 적이 있다. 실용적일 뿐만 아니라 장식적 요소도 강해서 만족스러웠다. 이후, 나는 이케아의 옷걸이도 리폼을 해야겠다는 생각이 들었다. 특별한 도구가 필요한 것도 아니고 특별한 기술이 필요한 것도 아니다. 옷걸이에 포장지를 붙이기만 하면 되니까!

우선 옷걸이에 접착제를 바르고 포장지를 길게 잘라 세로로 촘촘히 감는다. 그리고 빈틈이 생기면 포장지를 작은 조각으로 잘라 붙여 완성! 약간의 인내심은 필요하지만, 사랑스러운 옷걸이를 만날 수 있다.

사진 콜라주로 만든 스텝 스툴

린네아 라손
LINNEA LARSSON

이케아의 베크벰 스텝 스툴은 약간의 상상력만 가미하면 훌륭한 인테리어 소품으로 활용할 수 있다. 나는 이 스툴을 사진 콜라주로 꾸미기 위해 시간이 나는 대로 잡지 속의 예쁜 사진들을 스크랩해두었다가, 스툴 전체에 데쿠파주용 접착제를 바르고 사진을 꼼꼼히 붙였다. 데쿠파주용 접착제는 아주 빨리 마르기 때문에 빠르게 작업해야 하는데, 나는 스툴의 외관이 마음에 들 때까지 붙여두세 시간 정도 걸렸다. 그리고 종이가 잘 떨어지지 않도록 스툴을 밖으로 가지고 가서 스프레이형 래커를 분사하면 완성! 좋아하는 분위기의 사진을 이용하면 더욱 근사한 스툴을 완성할 수 있다.

준비물

재료
- 이케아 베크벰 스텝 스툴
- 데쿠파주용 접착제
- 스프레이형 래커
- 잡지

공구
- 가위

TIP

로맨틱한 분위기를 좋아한다면 꽃 모티브를 붙이고, 인더스트리얼 스타일을 좋아한다면 감각적인 흑백사진을 붙여보자.

윈저 의자를 이용한 서커스 그네

이사벨라 발덴마이어
ISABELLA WALDENMAIER

준비물

재료
- 이케아 윈저 의자
- 그네
- 나사
- 래커

공구
- 가로톱
- 금속 쥄쇠
- 붓
- 사포
- 지그소

나는 딸 엘라를 위해 뒤뜰에 등받이가 있는 그네를 설치하고 싶었다. 그러다 마침 오래전에 친구에게 선물 받았던 이케아의 옛날식 윈저 의자가 생각났다. 그네에 윈저 의자를 붙이면 딱 내가 원하는 그네를 만들 수 있을 것 같았다. 어떻게 만들까 생각하다가 그냥 머리에 떠오르는 대로 실행에 옮겼다.

의자로 만든 그네는 만족 그 이상이었다. 물론 가장 행복해하는 사람은 엘라와 그네를 타러 놀러 오는 엘라의 친구들이다. 아이들은 이 곳에서 쉴 새 없이 논다.

이 그네의 또 다른 장점은 우리 정원에 완벽한 포인트가 된다는 것이다. 마치 작은 서커스장처럼!

> "우리는 엘라에게 마음껏 뛰놀 수 있는
> 작은 무대를 만들어주고 싶었다.
> 그래서 만든 그네는 아이들의 놀이터이자,
> 우리 정원의 인테리어 포인트가 되었다."

1

가로톱으로 의자의 다리를 자르고, 지그소로 좌석의 모서리에 밧줄을 넣을 홈을 판다.

2

의자를 그네의 시트 위에 올리고 나사를 충분히 사용해 고정한다.

3

의자의 표면을 사포로 다듬고, 원하는 색상의 래커를 두 겹 정도 바른다. 나는 진분홍색을 선택했다!

4

래커가 다 마르면 밧줄을 의자에 고정한다. 이때, 의자를 안정적으로 고정하려면 모서리의 홈에 금속 죔쇠를 고정한 뒤 그 사이의 홈에 밧줄을 통과시켜야 한다. 그렇지 않으면 의자가 뒤로 넘어갈 수도 있으니 주의하자.

사이드보드와 기저귀 수납장의 합체

아네테 바우어
JEANETTE BAUER

나와 남편은 집을 꾸밀 때 종종 타협이 필요한데, 이번에는 남편의 이케아 소나무 목 사이드보드와 내 기저귀 수납장이 문제였다. 좁은 집에 도저히 이 큰 가구를 놓을 방법이 없었던 것이다. 그래서 우리는 고민 끝에 기저귀 수납장의 다리를 해체해 사이드보드 위로 올려버렸다. 집이 좁으면 가구를 쌓아올릴 생각부터 하지 않는가!

하지만 막상 올리고 나니 외관이 마음에 들지 않았다. 그래서 사이드보드와 기저귀 수납장을 모두 흰색으로 바꿔 하나의 가구처럼 보이게 만들기로 했다.

우선 두 수납장 모두 표면을 사포로 다듬고 흰색 래커를 두 겹으로 발랐다. 이때 모서리와 좁은 부분은 붓으로, 넓은 부분은 롤러 붓으로 칠해야 말끔하다. 그리고 컨트리 스타일의 실내 인테리어와 어울리도록 조개 모양의 새 손잡이를 달고, 안전을 위해 두 수납장을 나사로 결합했더니, 거대한 수납장 탄생!

온갖 물건을 수납할 수 있어 실용도도 높다.

준비물
재료
• 이케아 기저귀 수납장
• 이케아 사이드보드
• 래커
• 사포
• 손잡이
공구
• 롤러 붓
• 붓

DIY 홈 스튜디오

막스 칼란더
MAX KARLANDER

준비물

재료
- 이케아 라스트 침대 협탁
- 나사
- 투명 래커나 오일
- L자 꺾쇠가 달린 선반 레일

공구
- 드라이버
- 드릴
- 붓
- 활톱

집에 자신만의 스튜디오를 만드는 것은 음악가와 음악애호가들의 꿈이다. 이케아에는 이런 개인 스튜디오를 저렴하면서도 실용적으로 만들 수 있는 꿈의 가구가 있다. 바로 '라스트 침대 협탁'이다.

이 협탁은 폭이 52cm, 깊이가 30cm로 스테레오 기계를 놓을 선반으로 개조하기에 딱 맞는 크기다. 게다가 19인치 스튜디오 기기와 믹싱 데스크, 앰프, 신디사이저, 효과음 기계와 같은 모든 음향 기기가 이 협탁에 딱 들어맞는다. 그리고 대부분의 기기를 브래킷으로 나사를 박아 설치할 수 있으니 나중에 분리도 쉽다.

◀ 견고한 소나무 목의 라스트 침대 협탁으로는 튼튼한 선반구조물을 만들 수 있다. 선반 레일과 기기 전용 나사는 DIY 전문 매장이나 인터넷에서 구입할 수 있으며, 원한다면 본체에 래커나 오일을 칠해도 좋다.

1

스튜디오 기기의 너비와 꺾쇠 사용 여부를 점검한다. 대부분은 제품 상자나 설명서나 나와 있으니 참고하자.

2

라스트 침대 협탁의 높이에 맞춰 양옆에 설치할 선반 레일을 활톱으로 자른다. 이때 위아래에 불필요한 공간이 너무 많이 생기지 않도록 하자. 본인이 보유한 기기 중 하나를 본으로 사용하여 레일을 절단하면 된다.

3

2mm 두께의 작은 드릴로 앞쪽 모서리에 구멍을 뚫고 나사를 박는다. 구멍은 수직으로 뚫어야 하므로 꼼꼼하게 작업해야 하며 너무 긴 나사를 사용하지 않도록 한다.

4

구입한 나사에 맞는 큰 드릴로 다시 한 번 박는다.

5

안쪽 면을 고운 사포로 다듬은 뒤, 톱밥이 기기 안으로 들어가지 않도록 젖은 천으로 닦아낸다.

6

취향에 따라 래커나 오일을 바른다. 물론, 표면을 처리하지 않고 그대로 사용해도 좋다. 레일을 나사로 박고 기기를 넣으면 완성!

비스듬한 면을 위한 맞춤 책장

헬레네 랑보리
HELENE LANGBORG

준비물

재료
- 이케아 빌리 책장
- 꺾쇠
- 직결 나사

공구
- 톱
- 드라이버
- 망치

다락방의 경사진 곳을 이용한 붙박이 책장은 석조가옥에 대한 블로그를 보고 영감을 받았다. "다락방의 경사진 부분은 원래 활용하기가 쉽지 않죠. 그래서 이케아의 빌리 책장을 사이즈별로 여러 개 구입해 퍼즐 맞추듯이 맞췄어요. 문 쪽에는 책을 넣어 작은 도서관을 만들고, 창가 쪽엔 각종 파일 등을 보관했지요."

그리고 중요한 것은 이 빌리 책장을 모두 안정적으로 설치하는 일이다. 책장과 벽은 꺾쇠를 이용해 고정하고, 책장과 책장은 직결 나사를 이용해 결합했다.

TIP

헬레네 랑보리의 작품은 앞에서도 많이
소개했다. 그녀의 작품을 더 보고 싶다면,
블로그를 방문해보길 바란다. 주소는
ullevidsdal.blogspot.com이다.

▶ 다락방의 출입구.
문 주변을 모두 책장으로 둘렀다.

햄스터를 위한 드림하우스

마티나 움라우프트 **MARTINA UMLAUFT**

오스트리아 출신의 마티나 움라우프트는 이케아 엑스페디트 책장으로 햄스터 소닉
의 보금자리를 만들었다. 그리고 이 작품은 「이케아 해커스」에서 2009년 1등 수상
작으로 선정되었다.

1

엑스페디트 책장을 3단으로 만든 뒤, 제일 위
층 옆면에 환풍기를 설치한다. 햄스터 우리가
될 부분은 제일 위층과 중간층 첫 번째 칸이다.

2

중간층 첫 번째 칸에 강화 유리를 설치하고, 맨
위층에는 미닫이문을 단다. 그리고 천장에 LED
조명을 설치한다.

3

사료를 놓아둘 판을 조립하고 우리가 될 칸에
장난감과 짚을 넣어 꾸민다.

마티나는 일반적인 햄스터 우리에 만족할 수 없었다. 시판되는 햄스터 우리는 볼품 없을 뿐만 아니라 동물보호협회의 동물 사육환경에 대한 권고에 따르지 못할 만큼 비좁았기 때문이다.

그녀는 소닉이 여러 층을 오르내리면서 활동할 수 있도록 충분한 공간을 마련해 주고 싶었다. 또 그렇게 하는 편이 소닉의 돌아다니는 모습을 잘 관찰할 수 있어서 좋을 것 같았다.

그래서 마티나는 가로세로 각 5칸씩 있는 엑스페디트 책장을 구해 상단의 두 층을 제거해 3층으로 만들고 책장 뒤에 벽을 설치한 뒤 옆면과 칸막이에 환기구를 뚫었다. 그리고 적절한 높이와 안정감을 위해 이케아의 '카피타 다리'를 달았다.

또, 우리 안의 왼쪽에는 '글림마 미니 양초 홀더'로 먹이 사발을 만들어 식사 공간을 조성하고, 중앙에는 돌과 나무로 놀이 공간을 조성했다. 그리고 오른쪽에는 작은 도자기 그릇에 친칠라 모래를 넣어 화장실을 만들었다.

앞쪽에는 E자 꺾쇠가 달린 플라스틱 레일을 위아래에 붙인 다음 유리 미닫이문을 설치했는데, 모래나 짚이 빠질 수가 있어 앞쪽에 강화 유리를 덧대고 실리콘으로 틈새를 메웠다.

그리고 천장에 LED 조명을 일렬로 달고 장난감과 사료를 보관하기 위해 이케아의 빨간 '레크만 상자' 2개와 '크루스 통' 몇 개를 넣어주었다. 이렇게 소닉의 보금자리 완성! 넓은 활동영역을 가진 소닉이 활발히 생활하는데다가, 마티나 역시 소닉의 모습을 관찰할 수 있어서 매우 만족스럽다.

TIP

마티나의 사육 시설 프로젝트는 무척 다양하다.
블로그 hamstergehege.blogspot.de/
search/label/IKEA를 참고하자.

▲ 소닉은 버드나무 다리에서 노는 것을 가장 좋아

+ + 2011년 1등 수상작 + +

시골집에 만든 웅장한 서재

샤 사운터 **CHAS SAUNTER**

책을 사랑하는 사람이라면 프랑스 로트에가 출신의 샤 사운터의 작품에 반할 수밖에 없을 것이다. 그는 '빌리 책장'과 '벤노 DVD장'을 이용해 시골집에 거대한 서재를 만들었는데, 이 리폼 프로젝트는 많은 사람들의 마음을 사로 잡아 무려 28%의 표를 받았다. 그리고 이 작품은 「이케아 해커스」에서 1등 수상작으로 선정되었다.

"도시에서 바쁘게 살다가 고향집으로 귀농했어요. 사실 집이 굉장히 넓어서 어떻게 활용해야 하나 고민이 많았죠. 특히 폭이 4m, 길이가 11m에 달하는 이 침실 사이의 공간은 특히나 난감했어요. 그러다가 한번쯤은 꼭 갖고 싶었던 서재를 만들기로 했지요. 천장 높이가 3.3m나 되어서 웅장한 책장 구조물을 설치하면 도서관처럼 멋있을 것 같았거든요.

그래서 202cm의 빌리 책장 15개를 긴 벽에 설치하고, 책장 위에도 106cm 의 높이의 책장을 더 올렸어요. 물론, 책장만 60개의 상자에 배달되었으니 옮기는 것도 쉽지가 않았죠. 이렇게 3m가 살짝 넘는 크기의 책장을 완성 했어요. 그리고 곳곳에 벤노 DVD장을 설치하고, 문마다 나무 문틀을 설치한 다음, 누메라 작업대를 적당한 크기로 잘라 붙여 여유 공간을 두었죠.

이렇게 완성한 공간에는 실제로 많은 책을 보관할 수 있는데, DVD도 1,500 장 정도 보관할 수 있어요. 그리고 지금은 이곳에서 책도 읽고 커피도 마시며 느긋하게 지내고 있답니다."

▲ 서재가 만들어지기 전의 공간.

IKEA
DIY

개성 있는 집으로 꾸미기 위한 손쉬운 방법

자신만의 방법으로 이케아 가구를 리폼하는 것도 좋지만.
이케아 가구에 개성을 부여해줄 완제품 형태의 부속품을 사용하는 것도 방법이다.
밋밋한 패브릭을 바꿀 수 있는 멋진 커버링 제품. 유니크한 가구 다리 등
이케아 가구에 꼭 맞는 소품을 소개한다.

커버링을 통해 개성을 가미한다

| 뱀츠 Bamz |

▲ 『뱀츠』의 설립자 레슬링 페닝턴. 『뱀츠』라는
이름은 네 아이의 이름인 '비에른(Bjorn), 에밀(Emil),
마들렌(Madeleine), 조에(Zoe)'의 머리글자를 따서 만들었다.

소파, 암체어, 침대 등 이케아의 가구는 전 세계 어디에서든 같은 모델을 싼 값에 구입할 수 있다. 대량생산 방식이 제품의 제작 시간을 줄여주고 저렴하게 보급할 수 있게 하기 때문이다. 그래서 납작하게 포장된 이케아 조립식 가구를 구입할 때 우리가 선택할 수 있는 것이라고는 '커버를 어떤 색으로 할지' 정도뿐이다. 섬유 회사 『뱀츠』는 이러한 점에 착안하여 대안을 제공한다. "우리는 이케아 가구에 개성을 가미할 방법을 찾고 있었어요. 그러다가 이케아는 글로벌한 기업이고 비슷한 가구를 대량으로 생산한다는 점에서 틈새시장을 발견했지요. 그래서 각 모델에 따른 커버를 한정 수량으로 제공하기로 하고, 다양한 색상과 디자인의 원단을 구비해 고객에게 선택의 폭을 넓혀주었죠. 결과는 성공적이었어요."

▲ 코랄(Korall) 커버를 씌운 이케아의 '스톡홀름 암체어'. 하나는 파란색, 하나는 갈색의 면이며 바구니 직조(Basket Weave, 바구니를 짜는 식의 직조법)와 무지 염색 기법으로 만들었다. 디자이너 반티(Bantie)의 작품이다.

『뱀츠』의 설립자 레슬리 패닝턴이 이 사업을 구상한 것은 약 10년 전으로, 현재는 180여 가지의 원단을 제공할 뿐 아니라, 고객의 주문을 받아 직접 이케아의 소파나 암체어, 침대 등을 새로 커버링하기에 이르렀다. 그리고 지금은 스톡홀름에 개인 숍을 열어 고객의 주문이 들어오면 매장에서 바로 제작에 들어가는 시스템으로 발전했다. 물론, 인터넷으로도 주문이 가능하므로 전 세계 누구나 이용할 수 있다.

그렇다면 대형 가구 회사 이케아는 다른 업체가 자사의 가구를 위한 커버를 제조한다는 사실에 어떻게 반응했을까? 레슬리는 이를 『애플』의 아이폰과 아이폰 커버에 비교한다. 아이폰은 『애플』만이 제품을 만들어 판매할 수 있지만, 아이폰 커버는 어느 회사나 자유롭게 판매할 수 있다는 것이다.

"우리는 이케아와 좋은 관계를 유지하고 있어요. 오히려 가구에 개성을 가미함으로써 이케아 가구의 가치를 높여주죠. 즉, 이케아가 대량생산 제품을 만든다면 우리는 그 중 몇 가지 제품에 차별화를 주는 것뿐이에요."

그리고 『벰츠』에서는 고객이 가지고 있던 원단이나, 고객이 원하는 원단으로는 커버를 제작해주지 않는다. 소파 커버로 적합하지 않을 수도 있기 때문이다.

▲ 주름 장식 침대 커버를 씌운 이케아 침대.
코발트 색의 천은 『브레라 콰드레토(Brera Quadretto)』의 제품.
디자이너 길드(Guild)의 작품이다.

▲ 골프 주름이 잡힌 중간 길이의 커버를
씌운 이케아의 '헨릭스달 의자'.

"우리는 다른 숍에 비해 천의 선택 폭이 훨씬 넓어요. 현재 180여 종류의 천을 보유하고 있고 앞으로도 꾸준히 종류를 늘려갈 생각이지요. 우리가 가진 천은 커버를 만들기 적합하고, 이케아의 모든 제품에 잘 맞아요."

최근에는 인터넷에서『벰츠』와 같은 회사가 자주 언급되고 있다. 사람들이 쉽게 개성을 표현할 수 있는 커버링에 관심이 많아졌기 때문이다. 이런 현상에 대해 레슬리는 이렇게 말한다. "대량생산 제품과 대량생산 시장은 사람들의 개성을 빼앗았어요. 그리고 이제 사람들은 다시 개인적이고 개별적인 것을 표방하게 되었죠. 인테리어나 패션 등이 개성적이길 바라고, 그것을 '나'라고 말하듯이 말이에요."

'나만의 것, 개성적인 것'에 대한 욕구는 의류 업계와 인테리어 업계 전반에 나타났다. 예를 들어, 세계적인 패션 브랜드『H&M』의 티셔츠와『프라다 PRADA』의 스커트를 조합하면 개성적인 패션을 완성할 수 있다. 마찬가지로『미오 MIO』의 램프와『스벤스크텐 SVENSKT TENN, 스웨덴의 인테리어 가구 회사』의 캔들 보틀, 벼룩시장에서 산 카펫을 조합해도 멋질 것이다.

레슬리는 집이라는 공간이 휴식을 취하기에 적합하고, 손님을 대접할 수 있어야 하며, 아이들이 놀 공간이 마련되어 있어야 한다고 한다. "어느 영역에서나 개성있는 스타일로 자신을 표현하는 것이 중요해요. 특히 우리가 편안함과 안정감을 느끼고 싶어 하는 집은 실용적인 물건으로 집주인의 마음에 드는 방식으로 꾸며야 하죠."

사실 개성적인 인테리어는 몇 가지의 부담을 감수해야 할 때가 있다. 그러나『벰츠』의 커버는 그렇지 않다. 손님이 소파에 커피를 쏟아도 세탁해버리면 그만이다. "우리 제품은 아이가 있는 가족부터 은퇴자에 이르기까지 다양한 고객층을 겨냥해요. 그래서 모든 커버가 40~60도 정도의 온수로 세탁이 가능하고, 쉽게 씌우고 벗길 수 있지요."

▲ 컨트리 스타일의 커버를 씌운 이케아의 '에케네스 암체어'. 천은 흰색의 프리워싱 (Prewashing) 리넨이다.

또한, 오래된 가구를 버리지 않고 재활용하는 것도 중요하다. 못 쓰는 의자를 협탁으로 만들고, 색이 바랜 암체어를 다시 커버링하는 것 모두 환경을 지키기 위한 일환이다. 물론, 이러한 실용성을 겸비한 룩이 무료는 아니다. 고가의 원단은 새 침대와 견줄 정도로 비싸다. 그러나 디자이너 가구보다는 저렴하므로 시도해볼 만 하다.

또한 『벰츠』는 스타일을 체계적으로 정리한 웹사이트도 공개한다. 기본 스타일은 '스칸디나비아 스타일'이지만, '쉐비 시크 컨트리 스타일, 노르딕 블루, 어반 스타일, 인더스트리얼 빈티지, 크리에이티브 보헤미안'과 같은 스타일도 소개하고 있어 누구나 영감을 받을 수 있다. 그리고 다양한 원단을 라이프 스타일에 맞게 조합할 수도 있는데, 이는 벰츠의 내부 디자이너인 카타리나 비클룬드가 담당하며, 『마리메코』와 『디자이너스 길드』와 같은 유명 브랜드의 디자이너, 또는 리사 벵손이나 반티처럼 잘 알려지지 않은 디자이너와의 협업으로 이루어지기도 한다.

"저는 고객들이 제 웹사이트를 자신만의 개성 있는 스타일을 만들기 위한 도구로 사용했으면 해요. 무난한 것을 좋아하는 사람이라면 베이직 컬렉션 카테고리에서 베이지색 커버를 선택하면 되죠. 우리는 완성된 룩을 선보이기보다는 고객에게 다양한 선택 가능성을 주고 싶어요."

▲ 부벨(Bubbel)커버를 씌운 '하갈룬드 소파.' 바구니 직조 위에 프린팅된 면 소재로 울리카 귈스타트(Ulrika Gyllstad)가 디자인했다.

◀ 리폼 전의 이케아 '하갈룬드 소파.'

특이한 것은 『뱀츠』에도 이케아와 마찬가지로 해커가 있다는 사실이다. 최근 자신들의 해킹 작품을 소셜네트워크에 포스팅하는 경합이 이루어진 적이 있는데, 상상력에는 한계가 없다는 말처럼 수천 개의 사진이 게재되었다. 레슬리는 이러한 현상을 매우 긍정적으로 바라본다.

"공동 창안은 매우 중요해요. 이러한 경합을 통해 고객들은 끊임없이 자신들이 원하는 걸 알려주죠. 그러면 우리는 이러한 고객의 소리를 듣고 실행에 옮기고는 해요." 이렇게 『뱀츠』는 고객과 함께 끊임없이 진화하고 성장하기 위해 노력한다.

▲ 마젠타 베이쇼어(Magenta Bayshore) 커버를 씌운 이케아 '클리판 소파'와
스톡홀름 스트라이프 파나마(Stockholm Stripe Panama) 커버를 씌운
이케아 '칼스타드 암체어'. 디자이너 길드와 비클룬드의 작품이다.

▲ 어반 스타일의 '키빅(Kivik) 소파'.

가구에 다리를 달자

| 프리티펙스 Prettypegs |

▲『프리티펙스』의 설립자 미카엘 쇠더블롬과 야나 카긴.

『프리티펙스』는 "가구에 다리를 달자 SHOE YOUR FURNITURE"라는 모토 아래 이케아 소파와 침대에 컬러풀한 다리를 제공한다. 회사 창립자 가운데 한 명인 야나 카긴은 회사 설립 과정에 대해 다음과 같이 말한다. "우리는 가구 다리가 분명히 트렌디한 액세서리가 될 거라고 생각했어요. 그리고 정말로 자신만의 스타일을 만들고 싶어 하는 많은 사람이 이 가구 다리에 관심을 보였죠."

이들이 만드는 가구 다리는 물푸레나무로 제작되며, 간단한 방법으로 조립할 수 있다. 그리고 구입 가능한 색상으로는 '노란색, 민트색, 오렌지색, 분홍색, 검은색, 나무색, 나무색과 민트 혼합, 티크와 파란색 혼합' 등이 있으며, 다리 아랫부분에 금속이나 메싱 MESSING, 강철 등으로 변형한 제품도 곧 출시될 예정이다. 또한『프리티펙스』제품의 특징이라면, 이케아의 다양한 가구에 설치할 수 있다는 점이다. '칼스타드, 클리판, 칼스포스, 클로보, 샌드비, 쇠데르함, 세테르, 스코가뷔, 스톡홀름 3인용 소파까지, 티다포르스, 위스타드, 솔스타' 등의 수많은 이케아 소파와 '솔스타 올라르프'나 '툴스타'와 같은 암체어 등에 적합하므로 도전해보자. '술탄 시리즈'의 침대에도 설치할 수 있다.

▲ 아스트리드(Astrid) 다리.

▲ 힐레비(Hillevi) 다리.

▲ 다그마(Dagmar) 다리.

『프리티펙스』의 가구 다리는 설치 또한 매우 간단하다. 함께 동봉되어 배송되는 M8 볼트나사를 다리에 이미 나 있는 구멍에 박기만 하면 된다. 구멍이 나 있지 않은 다리라면 『프리티펙스』에서 제공하는 삼각형 판을 이용하자. 이 판은 대부분의 가구에 잘 맞으며 설치도 쉽다. 단, 나사받이를 잊으면 안 된다!

그리고 다리의 높이도 다양하게 선택할 수 있다. 같은 디자인의 다리여도 침대에 사용할 것인지, 소파에 사용할 것인지 또는 가구의 앞쪽에 고정할 것인지, 뒤쪽에 고정할 것인지에 따라서 높이가 달라질 수 있다.

『프리티펙스』의 모든 다리는 4개 세트로 배송되며, 한 세트의 다리 높이는 동일하다. 다리를 설치한 뒤에는 반드시 다리 아랫면에 펠트 천으로 된 패드를 붙여 바닥을 보호하자.

> "가구 다리는 한순간에 가구에 개성있는 스타일을 만들어낼 수 있는 트렌디한 액세서리이다."

▲ 쿠르트(Kurt) 다리.

▲ 다그마(Dagmar) 다리.

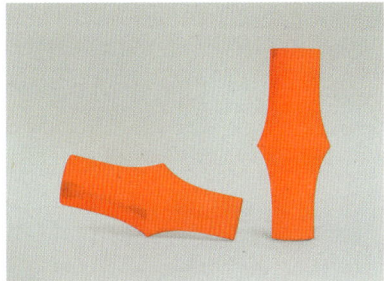
▲ 에비(Evy) 다리.

민트색 다리의 박스 스프링 침대

니나 미드브링크
NINA MIDBRINK

스웨덴의 「프티 매거진 www.petitfashion.se」 설립자이자 디자이너인 니나 미드브링크는
침대에 포인트를 주고 싶었다. 그래서 생각한 것이 침대에 다리를 다는 것.
"새 침대를 놓자니 맘에 드는 것이 딱히 없었고, 비쌌어요. 그래서 「프리티펙스」
의 다리를 발견하고는 무척 기뻤죠. 특히 민트색의 메싱 처리된 다리는 보자마자
반했어요. 그래서 이 다리를 구입해 제 이케아 술탄 박스 스프링 침대에 달았더니
개성적인 침대가 완성되었죠."

1
포장을 뜯어 다리의 길이를 확인한다.

2
침대를 뒤집어 꺾쇠를 대고 M8 볼트나사로 단단
히 조여 박는다.

3
침대를 세우면 완성!

다양한 부품으로 더 개성 있게!

| 파츠 오브 스웨덴 Parts of sweden |

▲ 『파츠 오브 스웨덴』의 직원 산드라.
사자발 다리와 함께.

▲ 손잡이와 손잡이 장식의 선택 폭이 넓다.

이케아서 딸의 침대를 고르던 패트릭 알뫼는 굉장한 아이디어를 생각해냈다. 바로 천편일률적인 이케아 가구에 개성을 줄 수 있는 다리와 조명, 손잡이 등을 제작해 판매하는 것이다.

그녀는 바로 동료 마틴 레테발에게 연락해 아이디어를 구체화했고, 곧 『파츠 오브 스웨덴』을 설립했다. 이 회사는 2007년부터 꾸준히 성장하여 현재는 다양한 이케아 부품을 판매하는 현대식 인터넷 기업이 되었다. 특히 술탄 침대에 설치하는 사자발이 매우 유명하다.

『파츠 오브 스웨덴』에서 제공하는 방대한 양의 부품은 '이바르, 엑스페디트, 빌리 책장, 베스토 수납장, 팍스 옷장 시스템'에 가장 잘 맞으며, 이 회사에서 제공하는 부품만 있다면 여러분도 가진 이케아 가구를 아주 손쉽게 개성적인 나만의 가구로 변신시킬 수 있다. 손잡이나 손잡이 장식을 교체하거나 서랍장에 가구용 스티커를 붙이는 것만으로도 충분하다. 저녁 한나절이나 주말을 투자하면 집 안 인테리어에 변화를 줄 수 있으니 시도해보자.

접이문을 단 미니 바

페트릭 알뫼
PATRIK ALMO

이케아의 빌리 책장은 이케아의 고전적인 제품이자 변신이 무궁무진해 가장 인기 있는 제품이기도 하다. 나는 『파츠 오브 스웨덴』의 부품을 이용하여 빌리 책장에 접이문을 달아 미니 바를 만들었다.

이 작업은 생각보다 시간이 꽤 걸리므로 시간을 충분히 내고 짧게 요약된 설명서를 꼼꼼하게 읽어 지침을 정확하게 따르도록 하자!

설명서에는 구멍을 뚫어야 하는 곳을 표시한 본이 포함되어 있는데, 선반 제작에 완벽하게 적용할 수 있어서 아주 실용적이다. 그리고 각 작업 단계의 내용을 준수해야 한다. 다음 페이지에는 간략히 요약된 설명과 함께 보충 설명이 나와 있다.

준비물

재료
- 이케아 빌리 책장
- 거울
- 경첩
- 나사
- 자석 잠금 장치
- 접이문
- 접이문 지지대

공구
- 송곳
- 수준기
- 십자드라이버
- 줄자

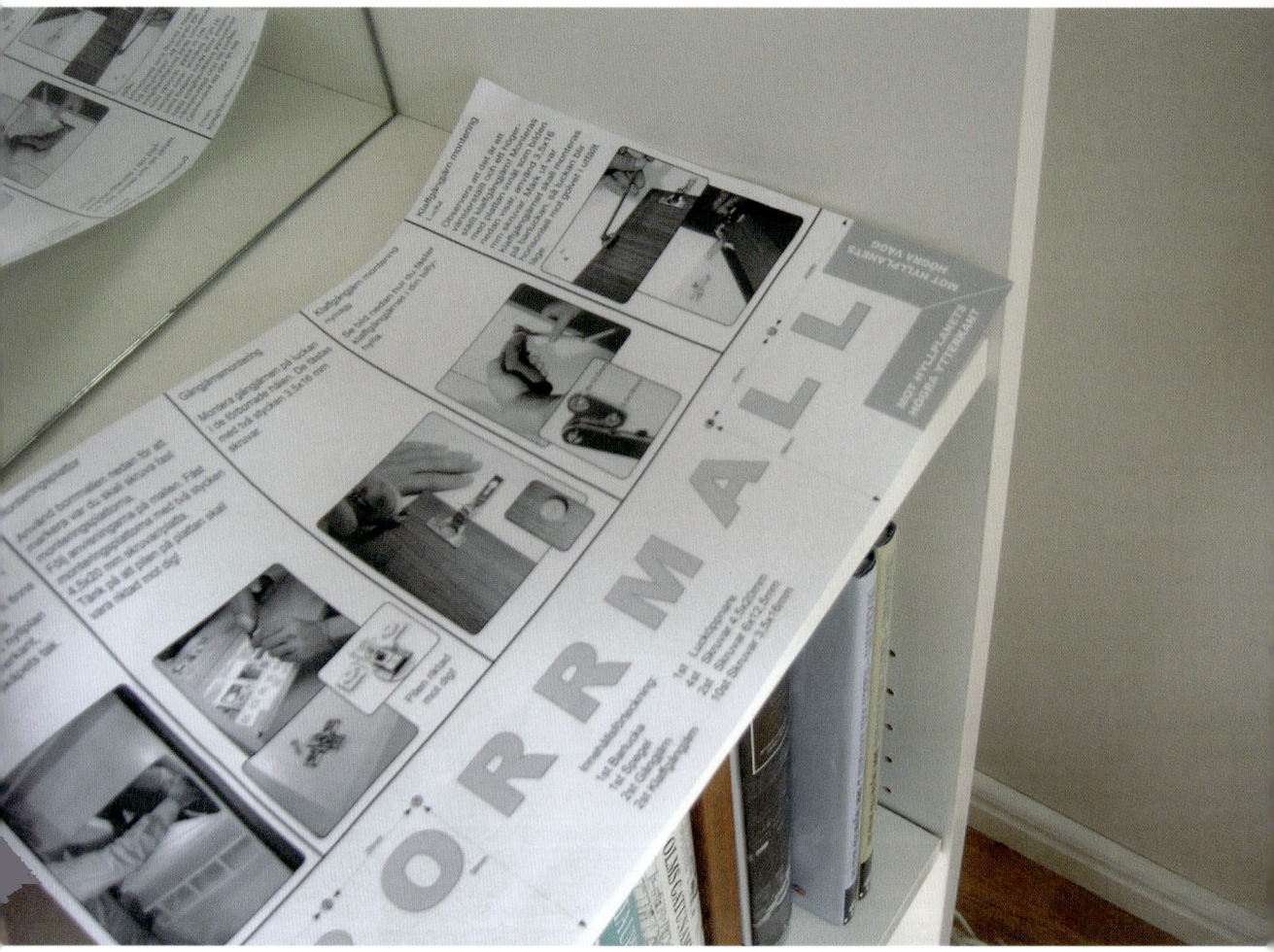

1
바를 설치할 책장의 중앙 칸 뒷면에 거울을 설치한다. 접착식 거울이라면 보호필름을 제거하고 누르면 된다.

2
책장 중앙 칸 선반에 경첩을 박을 구멍을 표시하고 나사를 박는다. 설명서에 구멍을 뚫을 위치를 표시한 본이 있으니, 본을 대고 송곳으로 눌러 위치를 표시하자. 나사는 굵은 나사 4개를 이용한다.

3
접이문을 선반에 맞춰보고, 경첩을 박을 곳을 표시한 뒤,평평한 깔개에 놓고 작은 나사를 박는다.

4
이제 접이문의 지지대를 설치할 차례이다. 설치할 접이문 지지대의 왼쪽과 오른쪽이 다르니, 설명서를 읽고 올바른 나사를 사용하도록 한다. 나사는 살짝만 박아 제대로 자리가 잡혔는지 확인한 다음 세게 조인다.

5
이번에는 접이문을 달 차례이다. 우선 선반에 접이문을 대고 경첩 부분의 나사를 살짝만 조인다. 그리고 수준기로 접이문이 수평인지 확인한 다음 나사를 세게 박는다.

6
윗칸 선반에 잠금 장치를 달 때에는 우선. 접이문을 위로 올려 책장의 윗칸과 아귀가 잘 맞는지 살핀다.

7

윗칸의 선반을 떼어내어 평평한 깔개
위에 놓은 다음 선반 밑면에 잠금 장치를
단다. 선반의 중앙, 가장자리에서 2cm
떨어진 곳에 달 위치를 잡아 표시한 후
나사로 박으면 된다.

8

윗칸의 선반을 다시 제자리에 끼우고
접이문에 잠금 장치의 자석을 달 위치를
측정한다. 마찬가지로 송곳으로 위치를
표시한 후 나사를 박아 고정한다.

9

이제 개봉박두의 시간이다! 친구들을 초
대해 미니 바를 열어 파티를 즐기자.

이케아에 오리엔탈 룩을 입히자

| 오버레이스 O'verlays |

▲ 『오버레이스』의 설립자, 쉐릴 루다와 다니카 헤릭.

▲ 격자무늬 패널을 덧댄 첫 번째 프로젝트.

미국 매사추세츠 출신의 쉐릴 루다와 다니카 헤릭이 설립한 『오버레이스』는 이케아 가구를 꾸밀 수 있는 다양한 무늬의 패널을 판매한다. 집을 오리엔탈 풍으로 꾸미고 싶은 사람이라면 눈여겨보길 바란다.

이들의 첫 프로젝트는 이케아의 옷장에 다이아몬드 격자무늬 패널을 만드는 것이었는데, 직접 가구를 흰색으로 칠하고, 벼룩시장에서 몰딩을 사서 설치한 뒤 문짝에 거울과 격자문양을 넣어 완성했다. 그러나 생각보다 자료 조달이 어렵고, 기술이 부족해 나중에는 엔지니어의 도움을 받아 PVC자재를 구입하고, 다양한 패턴의 패널 제작을 배웠다.

이들이 만든 패널은 가볍고 탄력이 있어 설치가 쉬운 것이 장점인데, 이케아의 '말름 서랍장, 라스트 시리즈, 타르바 서랍장, 팍스 옷장 시스템, 엑스페디트 책장, 이펙티브 시리즈, 호베트 거울'에 특히 잘 맞다.

가구에 패널을 설치할 때는 접착제를 발라 붙이고, 떼어낼 때에는 그냥 얇은 칼날을 틈새에 밀어 넣기만 하면 된다. 물론, 굵은 패턴의 모델이라면 쇠못으로 고정해도 좋다. 그러나 패널을 서로 맞추고 불필요한 부분을 잘라내야 하는 등 복잡한 과정을 거쳐야 한다면 전문가에게 맡기는 편이 낫다.

실외에 두는 가구를 패널로 장식해도 멋진 경관을 연출할 수 있다. 그러나 바람이 많이 부는 등 날씨가 거칠면 패널이 뒤틀릴 수 있으니 주의하도록 하고, 사용하다가 색을 바꾸고 싶다면 일반 스프레이형 페인트를 뿌리면 된다.

▲ 그레이스(Grace) 패턴을 입힌 '호베트 거울'. 공간을 시각적으로 확대시키는 효과가 있다.
테이블은 이케아의 '라크 테이블'로 그리크 키(Greek key) 패턴으로 장식했다.

『오버레이스』는 현재 서랍장과 수납장, 문짝 등에 설치할 수 있는 다양한 패널을 제공한다. "우리는 창작의 기쁨을 다른 사람과 공유하는 걸 중요하게 생각해요. 그래서 온라인으로 노하우와 다양한 리폼 사례를 공개하고 있지요. 이러한 정보가, 많은 디자이너와 DIY족에게 도움이 되었으면 해요." 저렴한 이케아 가구를 독보적인 개별 아이템으로 변신시킬 수 있다는 건 『오버레이스』의 자부심이 되었다.

TIP

그녀들의 작업 노하우를 보고 싶다면 홈페이지를 방문해보자. 주소는 www.danikacheryle.blogs-pot.se/p/how-to-videos.html이다.

▲ 파고다(Pagoda) 패턴의 '말름 서랍장'.

▲ 안네(Anne) 패턴의 '말름 서랍장'.

▲ 안네(Anne) 패턴의 '라스트 서랍장'을 놓은 서재.

▲ 기시(Caci) 패턴의 '라스트 서랍장.'

▲ 피오나(Fiona) 패턴의 '말름 서랍장.'

▲ 크산드라(Xandra) 패턴의 '말름 서랍장.'

성공적인 작업을 위한 팁

성공적인 리폼을 위해서는 기초가 중요하다.
꼭 필요한 공구와 좋은 공구 고르는 법
그리고 누구나 사용할 수 있는 무료 도면 설계 프로그램을 소개한다.
또한, 가구는 색을 바꾸는 것만으로도 이미지가 달라진다.
깔끔히 페인팅하는 방법 등도 알아두어
여러분만의 멋진 리폼 프로젝트를 완성하자.

| 공구와 도면 설계 프로그램 |

DIY를 위해서는 되도록 좋은 공구를 마련하는 것이 좋다. '공구가 좋으면 작업의 반은 완성이다'라는 말이 괜히 있는 것이 아니다.

이 장에서는 DIY에 필요한 기본 공구와 알아두면 좋은 몇 가지 팁, 그리고 무료 도면 설계 프로그램을 소개한다. 물론, 이케아에서도 도면 설계 프로그램을 제공하지만 되도록 많은 프로그램을 알아두는 것이 좋다.

DIY에 필요한 기본 공구

좋은 공구는 DIY의 필수이므로, 좋은 공구 구입에는 돈을 지불할 가치가 있다. 그러나 이는 목적에 맞고 합리적인 범주 안에 드는 공구에 한에서만 그렇다. 구멍 5개만 뚫으면 되는데 350유로짜리 전동 드릴이 필요한 건 아니다.

또한 연삭기나 드라이버, 망치, 충전식 드라이버가 마모되는 경우도 있는데, 이는 너무 오래 사용해서가 아니라 단순히 품질이 좋지 않아서일 수도 있다. 그러므로 공구를 구입할 땐 필요성을 꼼꼼히 따져보고, 필요할 때마다 하나씩 사도록 하자.

DIY에 반드시 필요한 기본 공구는 '스패너, 송곳, 망치, 일반 드라이버, 충전식 드라이버, 펜치' 등이다. 물론, 이케아의 공구 세트를 사면 스패너 정도는 기본으로 들어 있지만, 쓰다보면 더 좋은 스패너가 필요하다는 것을 알게 될 것이다.

그리고 줄자나 접자도 없어서는 안 될 공구이다. 우선 송곳은 뚫을 곳을 미리 표시하는 데에 사용한다. 원하는 곳에 송곳을 대고 망치로 가볍게 두드리면 위치 표시뿐 아니라 홈을 내어 나사나 드릴을 쉽게 박을 수도 있다.

그리고 망치는 못을 박거나, 책장이나 수납장의 뒷벽을 고정하고, 그림을 걸때에 사용하며, 드라이버는 나사를 돌릴 때 사용한다. 특히 견고한 뼈대를 만들 때는 나사를 조이고 풀 수 있는 충전식 드라이버가 있으면 좋다. 충전식 드라이버는 가격대가 매우 다양한데, 처음에는 이케아에서 판매하는 기본 모델로도 충분하니 사용해보자. 그리고 스패너와 절삭 기능을 갖춘 펜치도 추천한다. 테이블이나 수납장에 다리를 설치하거나, 나사를 돌릴 때 볼트를 안정적으로 지탱할 수 있다. 그 외에 전선의 피복을 벗기거나 절단할 수 있는 니퍼, 납작한 물건을 꽉 붙들 수 있는 플랫 노즈 플라이어도 편리하다.

▲ 이케아의 '픽사 공구 세트'.
초보자에게 알맞는 공구로 구성되어 있다.

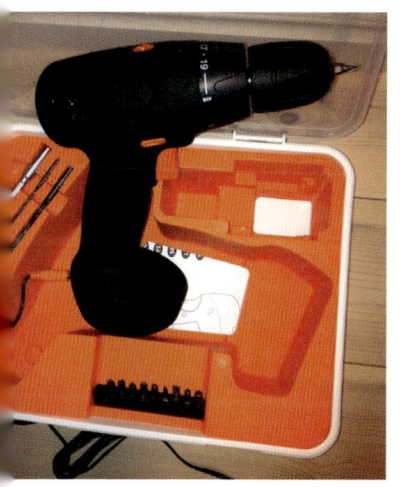

▲ 이케아의 충전식 드라이버.
속도를 단계별로 조정할 수 있어 유용하다.

이케아의 공구 세트

이케아에는 기본적인 공구가 들어 있는 공구 세트 '픽사'를 판매하는데, '별도의 고무덮개가 포함된 망치, 송곳, 스패너, 절삭 기능이 있는 펜치, 일자 드라이버, 십자드라이버, 앨런볼트 드라이버' 등 기본 공구로 구성되어 있으면서 저렴해 초보자에게 인기가 많다. 또한, 이케아에는 두 가지 모델의 충전식 드라이버를 판매하는데, 속도를 단계별로 조절할 수 있는 드라이버가 좀 더 인기가 있다.

그리고 여기에 가위와 커터 칼 등을 구비하면 여러분의 공구 상자는 완벽해진다. 모두 자주 사용하게 될 것들이니 늘 곁에 두도록 하자.

그 외의 공구

가구를 직접 제작하거나 리폼하고 싶다면 더 많은 공구를 장만해야 한다. 수준 높은 프로젝트를 수행한다면 '톱, 수준기, 곱자, 쥠쇠, 스패너, 방울 펜치, 클램프' 등이 필요할 수도 있다.

전동 공구

전동 공구를 마련하면 작업이 무척 편리해진다. 예를 들어, 지그소가 있으면 판자를 원하는 형태로 쉽게 자를 수 있으며, 임팩트 드릴이 있으면 콘크리트를 뚫어 책장을 벽에 고정하거나, 천장 램프를 쉽게 달 수 있다.

전동 공구는 DIY 전문 매장이나 인터넷에서 구입할 수 있으며 간혹 일반 대형마트에서도 판매하기도 한다.

공구를 구입할 때는 먼저 자신에게 어떤 공구가 필요한지 상세하게 점검하자. 전동 원형 톱과 같은 특정 공구를 자주 사용할 것 같으면 되도록 가격대가 조금 높은 모델로 장만하는 것이 좋다. 너무 값싼 모델을 쓰면 제대로 작동하지 않거나 조금만 무리해도 금방 과열할 수 있다.

물론 비싼 기계가 반드시 수명과 품질 면에서 무조건 월등하다는 것은 아니니 친구들이나 전문가의 말을 두루두루 듣고 선택하자.

안전

모든 전동 공구는 사용할 때 소음이 발생하며, 먼지가 날리고 다양한 사고의 위험이 있다. 그러므로 각 작업에 어떤 보호 장비가 필요한지 알아보는 것이 중요하다.

예를 들어, 전동 원형 톱을 사용할 때는 항상 귀 보호 장비와 보안경을 착용해야 한다. 요즘에는 라디오가 장착된 귀 보호 장비도 나와서 즐겁게 작업하는 것도 가능하다! 그리고 연마기를 사용할 때는 항상 마스크를 착용하고, 가벼운 찰과상이나 통증을 느낄만한 상처가 날 수도 있으므로 보호 장갑을 끼는 것이 좋다.

페인트나 용해제, 필러, 접착제 등을 사용할 때에도 무조건 장갑을 착용해야 한다.

이케아의 도면 설계 프로그램

인터넷에는 실내 인테리어를 돕는 다양한 디지털 도면 설계 프로그램이 있다. 물론, 이케아에서도 다양한 도면 설계 프로그램을 제공하며, 가장 많이 사용되는 프로그램은 '주방가구 설계 프로그램'이다.

그 외에 팍스 옷장 시스템과 베스토, 우플레바, 스투바 수납 시리즈와 같은 가구를 위한 도면 설계 프로그램도 제공한다. 또한 '사무실 설계 프로그램'도 제공하는데, 이 프로그램을 사용하면 집에 자신만의 작업실을 꾸밀 수 있다.

하지만 전문가들에 따르면 베스토 설계 프로그램 활용이 가장 복잡하다고 한다.

유용한 설계 프로그램과 웹사이트

자신의 집을 아주 개성적으로 꾸미거나 현재 살고 있는 집의 내벽과 문, 창문에 정확히 어울리는 인테리어를 꾸미고 싶다면 다음 도면 설계 프로그램 가운데 하나를 사용하자.

'구글 스케치업'은 입체적인 모델을 컴퓨터에서 그림과 애니메이션으로 작성해주는 소프트웨어로, 인터넷에는 "아주 훌륭하다.

건축가인 내 친구도 이 프로그램을 정기적으로 사용할 정도이다.", "미리 제작된 인테리어 설비가 많지 않다는 게 아쉽다. 하지만 쉽게 초안을 짤 수 있어 편리하다."와 같은 평이 있다.

무료로 다운로드 할 수 있는 또 다른 인테리어 도면 설계 프로그램으로는 '스위트홈 3D'가 있다. 마우스나 자판으로 집의 벽을 그리거나 색상을 바꿀 수 있으며, 창문, 문, 거실, 주방 등이 카테고리별로 분류되어 있어 카탈로그의 가구를 직접 도면에 넣을 수도 있다.

| 페인팅의 모든 것 |

가구에 칠을 하는 것만으로도 분위기가 완전히 달라진다. 그러므로 페인팅만 잘해도 충분히 개성을 표현하고, 인테리어에 포인트를 줄 수 있다. 게다가 페인팅을 하면 가구에 보호막이 생겨 오염도 덜하고 이물질을 닦아내기도 쉬우니 관리에도 효과적이다.

이번 장에서는 도색 전문가 칼레비 리코넨의 조언으로 다양한 재질의 가구에 칠을 하는 노하우를 소개한다.

시범을 보일 가구는 표면처리하지 않은 자작나무 원목의 '노르덴 테이블'과 '올레 의자'이다. 그 외에도 코팅된 합판 소재의 협탁 칠하는 법과 가구용 스티커를 부착한 금속 수납장을 예쁘게 꾸미는 법을 소개한다.

준비하기

이케아 가구는 목재와 금속, 유리, 플라스틱 등 소재가 다양하며 이러한 가구의 재질은 페인트의 선택뿐만 아니라 페인팅 방식에도 영향을 끼친다. 그러므로 페인팅 전, 페인트 전문점이나 DIY 전문 매장의 페인트 코너에서 여러분의 프로젝트를 위해서는 어떤 페인트가 좋은지 자문을 구하도록 하자. 예를 들어, 유광 페인트는 무광 페인트보다 변색은 덜하지만 울퉁불퉁한 표면이나 훼손된 곳은 눈에 더 잘 띈다. 또한 '세미글로스'는 전체적으로 부드러운 이미지를 낼 수 있다는 장점이 있다.

또한 요즘 사용하는 페인트는 대부분 수성이어서 냄새도 크게 불쾌하지 않고 붓을 세척하기에도 쉽다.

그리고 필요한 도구를 준비하는 것도 중요하다. 페인트를 골랐다면 롤러 붓, 세척제, 세척용 스펀지, 사포, 페인트를 섞을 때 필요한 나무 막대, 솔, 주걱, 덮개용 종이, 마스킹테이프 등을 마련하자.

사전 작업

페인팅을 시작하기 전에는 칠에 대한 정확한 계획이 필요하다. '어디에서 작업할 것인가', '페인트가 바닥과 벽에 묻지 않도록 어떻게 작업할 것인가'를 생각해야 하며, 작업하는 공간이 너무 춥거나 더워서도 안 된다. 최적의 온도는 18도이며, 적어도 10도 이상은 되어야 한다.

"작업 공간은 적절한 온도는 물론, 적절한 조명과 칠을 위한 도구 준비가 필수예요. 또 칠을 위해서 가구를 모두 분리할 필요는 없지만, 손잡이나 연결 철물 등은 떼어놓는 것이 좋습니다."

또한, 가구의 재질에 따라서도 사전 작업이 달라진다. 먼저 금속이나 플라스틱, 유리는 먼지나 티끌이 없도록 철저하게 닦고, 모든 가구의 표면을 매끄럽게 다듬을 필요까지는 없지만, 녹슨 금속 표면은 사포로 다듬어야 한다.

그리고 표면에 래커칠이 되어 있는 재질이라면 칠하기 전에 세척용 스펀지로 표면을 가성 소다를 사용해 꼼꼼하게 닦아 먼지나 기름기를 제거해야 한다. 그래야 기포가 생기지 않고 깔끔하게 발린다. 닦은 후에는 가성 소다를 완전히 씻어내고 표면을 말리자. 손과 눈을 잘 닦는 것도 잊지 말아야 한다.

▲ 사전 작업을 마친 테이블과 의자.
이불실을 깨끗이 닦고, 표면을 정리해야 페인트가 고르게 잘 발린다.

표면 다듬기

목제의 경우, 우선 우드 필러나 우드 퍼티로 상처를 메운다. 페인트 전문점에 가서 훼손된 부분과 재질에 대해 설명하면 복구에 알맞은 필러나 접합제를 구할 수 있다. 상처를 메운 후에는 잘 말리고, 필요하다면 필러나 퍼티를 여러 겹 덧바른다. 덧바를 때에도 잘 말리고 난 뒤 다음 겹을 발라야 한다.

그다음 120번이나 180번 사포로 표면을 다듬는다. 테이블 상판처럼 표면이 넓은 가구라면 상판 전체를 퍼티로 덮어 울퉁불퉁한 부분과 흠집을 제거하기도 하는데, 울퉁불퉁한 부분은 칠 작업 전에는 거의 눈에 띄지 않지만, 퍼티를 전체 표면에 바르거나 애벌칠하는 단계에서는 확연히 눈에 띄게 되므로 마지막 칠을 하기 전에 다시 한 번 220번 사포로 세심하게 다듬는 것이 좋다.

표면을 다듬은 후에는 솔로 사포 가루를 닦아낼 차례이다. 이에 대해 칼레비는 다음과 같이 조언한다.

"솔은 구석구석 쉽게 작업할 수 있는 좋은 솔을 구입하세요. 철저한 사전 작업은 성공적인 결과물을 위한 전제 조건이며, 그만한 가치가 있습니다."

프라이머 바르기

페인트를 바르기 전에는 프라이머로 애벌칠하는 것이 좋다. 특히 초벌용 특수 프라이머를 바르면 페인트에 기포가 생기는 것을 막을 수 있으며, 얇고 고르게 발리고, 붓이나 롤러 붓으로도 쉽게 작업할 수 있다는 장점이 있다. 가끔 마감용 페인트를 애벌칠에 사용하는 사람도 있는데, 이럴 때는 페인트를 희석해서 칠하는 것이 좋다.

테이블 상판처럼 평평한 가구를 칠할 때는 먼저 프라이머를 부드러운 롤러 붓으로 한 방향으로 고르게 바른다. 그런 다음 폭이 넓은 페인트용 붓을 사용해 반대 방향으로 바르고, 붓이 잘 닿지 않는 곳은 가는 붓으로 칠한다.

이렇게 애벌칠을 하고 난 다음에는 120번이나 180번 사포로 표면을 다듬고, 다시 꼼꼼히 칠을 시작하는데, 필러로 메워야 하는 곳이 보이면 바로 메우고 사포질로 표면을 깨끗이 정리한다.

다 발랐다면 건조 시간에 주의하자. 퍼티와 페인트 포장용기에 보면 건조시간이 표기되어 있지만 기온이 낮은 곳에서는 건조 시간이 더 오래 걸릴 수도 있다. 그리고 붓과 롤러 붓은 사용 후 바로 세척해야 한다. 그래야 수명이 길어지고 다음에도 부드럽게 칠할 수 있다.

마감칠하기

최종 작업, 즉 마감칠을 하기 전에는 페인트를 잘 섞어주어야 한다. 그래야 윗부분에 떠 있는 액체가 잘 섞여 색이 균일하게 나온다.

마감칠을 할 때 중요한 것은 붓과 롤러 붓을 이용해 고르게 분할해서 칠하는 것이다. 적어도 두세 번, 때에 따라서는 서너 번 정도를 덧칠하고, 페인트 얼룩이 생기면 사포로 문지른 다음 다시 덧칠하도록 한다. 몇 겹을 칠하느냐는 페인트가 얼마나 잘 발렸는지에 달려 있으므로 신중하게 작업하자. "마감칠이 완벽하지 않다면 그냥 한 번 더 페인트를 덧칠하세요. 기포가 생기면 사포로 문질러서 없앤 다음, 다시 덧칠한 것만이 방법이죠."

▲ 테이블 상판이나 좌판처럼 가구의 넓은 평면은 부드러운 롤러 붓으로 칠한다.

▲ 서랍 앞면과 의자의 상단 부분은 같은 터키색으로 칠한다.

프로젝트 1 : 원목의 테이블과 의자 리폼하기

나는 미카엘 바른함머가 디자인한 '노르덴 테이블'과 니케 칼손이 윈저 의자를 모방해 디자인한 '올레 의자'를 리폼하기로 했다.

노르덴 테이블은 중앙에 6개의 서랍이 있고, 상판은 하단 프레임과 같은 투명한 폴리우레탄과 아크릴 래커로, 서랍 앞면과 측면은 투명 래커로 처리되어 있다.

먼저 나는 테이블의 모든 부분을 가성소다로 꼼꼼하게 세척한 다음 샤워기를 이용해 물로 깨끗이 씻어내고 말렸다. 참고로 표면처리가 되지 않은 새 가구를 칠할 때에도 깨끗하게 세척하는 것이 좋다. 손에 묻은 기름기와 때는 나무에 쉽게 묻기 때문이다.

완전히 마르면 테이블과 의자에 훼손된 곳이 있는지 살핀다. 다행히 이 테이블과 의자에 훼손된 부분이 없어 살짝 사포질을 하고 사포 가루를 솔로 털기만 했다.

▲ 칠이 끝난 노르덴 테이블과 올레 의자.

사포질은 항상 나뭇결 방향으로 하는 것이 좋다. 원을 그리며 사포질을 하거나 나뭇결 반대 방향으로 사포질을 하면 흔적이 생기는데, 이 흔적은 나중에 페인트를 칠한 후에도 없어지지 않고 눈에 띈다.

다음, 테이블 하단 프레임과 테이블 상판 순으로 애벌칠을 한 다음, 회색으로 마감칠을 했다. 그리고 의자는 거꾸로 세워 다리부터 칠을 시작한 다음, 다시 의자를 똑바로 세워 등받이와 등받이 살, 좌석 모서리, 좌석 순서로 칠해 완성했다.

▲ 리폼한 메탈 수납장은 곧 테라스로 옮길 예정이다.

프로젝트 2 : 메탈 소재의 수납장 리폼하기

니콜라이 위 한젠이 디자인한 이 'PS 메탈 수납장'
은 이미 고전적인 가구가 되었다. 하단에 케이블을
통과시킬 수 있는 구멍이 있어 주로 TV장으로 쓰
이며, 아이들에게 인기가 많아 아이 방의 수납장으
로 쓰이기도 한다.

나는 이 PS 수납장을 흰색으로 구매했는데, 최근
에 이 수납장을 테라스에 두어 정원에서 쓸 방석
이나 식탁보를 보관하고 싶었다. 그래서 수납장에
페인트로 띠를 그리고 가구용 스티커를 붙여서

예쁘게 꾸미기로 했다.

나는 우선 칠을 할 부분의 주변을 마스킹테이프로
감고 회색의 메탈용 페인트로 띠 모양을 칠했다.
그리고 페인트를 잘 말린 뒤 마스킹테이프를 떼어
내고, 꽃무늬의 가구용 스티커를 띠 안쪽에 따라
붙였다. 이 가구용 스티커는 『파츠 오브 스웨덴』의
제품인데, 기존에 있던 말름 서랍장에도 붙인 바
있다.

이렇게 실외용 꽃무늬 메탈 수납장 완성! 페인트는
반드시 메탈용으로 고르도록 하자.

▲ 접착 띠 사이에 페인트를 고르게 바른 다음 각 부분을 평평하게 펼쳐 놓고 건조시킨다.

프로젝트 3 : 합판 소재의 협탁 리폼하기

단종된 모델을 리폼해 사용하는 것도 즐거운 일이다. 내가 사용하는 협탁 또한 이케아에서는 더이상 나오지 않는 모델인데, 벽지와 페인팅으로 새가구처럼 변신시켰다.

우선 협탁을 깨끗이 세척하고 사포로 표면을 살짝 다듬은 다음, 사포질로 인해 생긴 가루를 솔로 쓸어냈다. 그리고 프라이머를 바른 뒤 목재용 페인트를 발랐다. 페인트가 다 마른 후에는 협탁의 상판에 도배용 풀을 붓으로 고르게 벽지를 붙였는데, 벽지는 벽지용 솔로 매끄럽게 쓸어준 후 가장자리를 깔끔하게 자르면 된다.

마지막으로 벽지에 투명 래커를 두 번 정도 바르고, 손잡이를 바꿔 달면 완성.

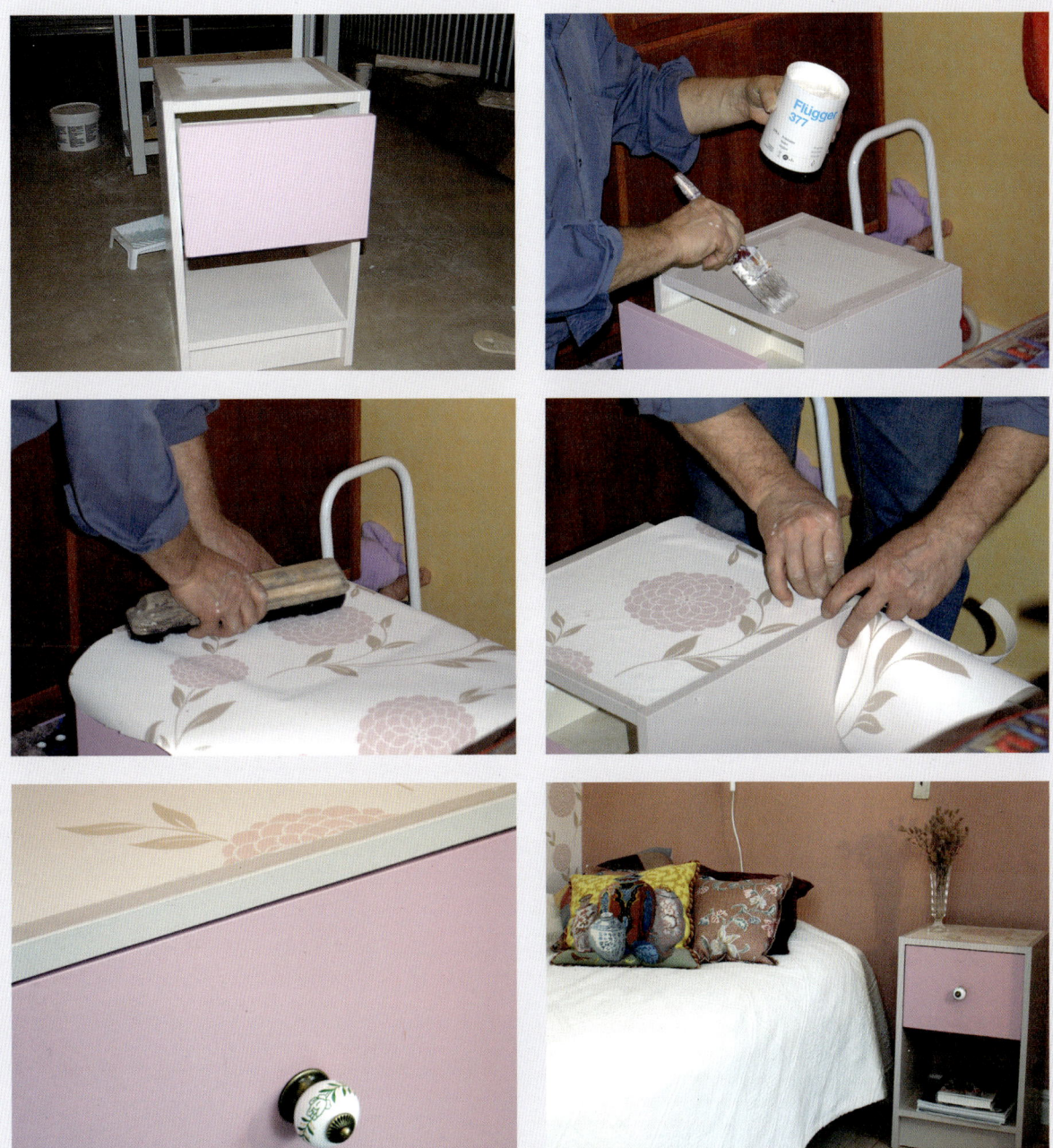

IKEA
DIY

이케아의 역사

이케아 제품에 대해 알기 위해서는 이케아의 역사를 아는 것이 중요하다.
이케아의 어제와 오늘, 그리고 창립자 '잉바르 캄프라드'에 대해 소개한다.
앞으로 해결해야 할 이케아의 과제와 추구하는 방향을 통해 그 철학을 엿보도록 하자.

이케아 양식사

우리는 양식사를 이야기할 때 로코코나 바로크, 아르누보와 같은 시대를 떠올린다. 그러나 아쉽게도 제2차 세계대전 1939~1945년 이후에는 '새로운 양식'이라고 할 만한 변화는 나타나지 않았다. 다양한 디자인과 새로운 형식은 우후죽순으로 생겨났지만, 새로운 양식의 징표는 되지 못한 것이다. 이 시기에는 오히려 1930년대에 시작된, 소위 '기능주의 FUNCTIONALISM'라 불리는 사고방식이 오히려 각광을 받았다. 기능주의 양식의 중점은 '단순함, 실용성, 기능성'으로, 이케아는 이러한 시기에 기능주의를 표방하며 설립되어 실내 인테리어 디자인의 발전에 결정적인 영향을 미치게 된다.

1943년에 설립된 이케아는 1930년대에 생성된 양식을 출발점으로 삼고, 기능성이 전면으로 부각되는 단순한 가구를 만들었다. 제작할 때부터 형태와 기능, 생산 여건에 초점을 맞추었으며, 계속 낮은 가격을 유지하고자 했다.

그러나 이케아는 고유한 디자인을 고안하지 않고 지배적인 트렌드와 외부 아이디어를 모방해 제품을 만든다는 비판을 받아왔다. 그래서 이케아는 500여 명의 디자이너와 협업해 새로운 가구를 만들기 시작했고, 이 가구들은 현재 이케아의 고전적인 가구가 되었다.

1940년대 – 전쟁 후, 마침내 일상

제2차 세계대전이 끝나고 1940년대 후반에 들어서는, 실용적이면서도 둥글고 밝은 형태의 양식이 확고한 위치를 차지하며, 산업에서 대량생산 방식은 절정을 이룬다.

이러한 시기에 스웨덴은 1939년 뉴욕에서 열린 국제박람회에서 가볍고 유동적인 가구와 밝은 천을 이용한 환한 인테리어를 선보였는데, 사람들은 이 양식을 '스웨디시 모던 SWEDISH MODERN'이라 부르며 밝고 꾸밈없는 양식에 찬사를 보냈다. 그리고 이케아는 이 양식을 자사의 스타일로 삼는다.

전쟁 중에 이케아를 설립한 '잉바르 캄프라드'는 처음에는 펜과 액자, 스타킹과 같은 생필품을 물품을 팔았다. 그러나 모든 사람이 그러하듯 당시 사람들 또한 돈은 부족했지만 새로운 물건에 대한 욕구는 거대했다. 그래서 캄프라드는 판매 품목을 가구로 확대하고, 다양한 제품을 생산하게 되었다. 그리고 '보다 아름다운 일상용품'이라는 이케아의 개념은 1940년대를 풍미하는 슬로건이 되었다.

1950년대 – 조립식 가구의 등장

1950년대 초반, 사람들은 종전 낙관주의와 풍요로움을 등에 업고 미래에 대한 희망을 품게 되었다. 그리고 이케아는 이러한 사회 분위기를 인식하고, 더 많은 사람이 이케아의 제품을 가까이 할 수 있도록 카탈로그를 제작했다.

1955년, 많은 경쟁업체가 이케아를 공동 배척하기 시작하자, 미래에 대한 믿음이 굳건했던 캄프라드는 이때부터 자사만의 제품을 직접 기획하기 시작했다. 그리고 이듬해 다리가 분리되는 '로사 테이블'을 출시했는데, 이 로사 테이블은 당시의 시대정신과 잘 맞아떨어져 이내 가구업계에 새로운 지평을 열게 된다. 바로 '조립식 가구'의 시대를 연 것이다.

물론, 조립식 가구 자체가 완전히 새로운 개념은 아니었다. 이미 1940년대에 가구 회사 『NK 인레드닝 NK INREDNING』이 디자이너 벵트 루다와 에릭 회르츠와 함께 조립식 가구를 생산한 바 있기 때문이다. 그러나 이때는 인기를 끌지 못했고, 두 디자이너가 이케아에서 일하면서 본격적으로 인기를 끌기 시작했다. 그리고 벵크 루다와 에릭 회르츠는 이케아에서 40년 동안 일하며 매년 평균 10개의 가구를 디자인하기에 이른다.

고객이 직접 가구를 조립하는 시대가 열리자 이는 여러 세대에 걸쳐 DIY 열풍으로 이어졌다. 스웨덴과 스칸디나비아 디자인이 이케아를 통해 국제적인 하나의 개념으로 성장한 것이다.

1960년대 – 의식의 발전

1960년대는 냉전이 극에 치달으면서 첨예한 정치적 의식이 형성되던 시기이다. 그리고 이 시기 이케아는 해외로 지평을 넓혀가며 노르웨이와 덴마크에 첫 해외 매장을 오픈했다. 그리고 캄프라드는 이후 40년간의 이케아 디자인을 형성할 디자이너를 불러들였는데, 그가 바로 '렌나르트 에크마르크'이다.

렌나르트 에크마르크는 덴마크에서 인테리어 건축을 공부한 뒤, 고국인 스웨덴으로 돌아와 이케아에 입사했는데, 그가 들어오면서 이케아의 품목은 '스칸디나비안, 컨트리, 모던, 영 스워드'라는 4가지 품목으로 구분되었다.

또한, 1960년대 후반에는 '합판'이라는 새로운 자재가 등장했다. 저렴하고 다루기 쉬운 합판은 급속도로 인기를 얻었고, 이케아 또한 이 합판을 이용해 저렴한 소파와 침대를 만들기 시작했다. 그리고 사람들 또한 120cm 너비의 합판으로 직접 가구를 제작하고, 별도로 다리를 구입해 벽돌, 맥주 상자, 오래된 책과 같은 물건을 활용하여 자신만의 가구를 만들기도 했다.

1970년대 – 전원생활로의 회귀

1970년대 스웨덴 전역에는 녹색 물결이 넘쳐 흘렀다. 사람들은 시골로 발길을 돌리거나 집 안에 개인적인 공간을 만들어 혼자만의 취미활동에 몰두하기 시작했고, 이러한 추세에 맞춰 이케아의 친환경적이고 전원적인 스타일의 상품은 수요가 늘어났다.

특히, 소나무 목의 '이바르 선반'과 1978년에 나온 '빌리 책장'은 인기 상품이 되었으며, 빌리 책장은 다양한 무늬목의 합판 제품이 출시되면서 현재까지도 고전적인 제품으로 통한다.

또한 이때부터 '컨트리 스타일의 집, 오버롤 팬츠' 등과 함께 메탈이나 하이테크재질로 만든 독보적인 트렌드가 발전하기 시작했다. 스틸 소재와 기죽을 결합해 만든 브루노 매트슨의 '젯슨 의자'가 그 예이다.

1980년대 – 허영과 판타지

1980년대에는 경기가 좋아지면서, '젊고 YOUNG, 도시에 살며 URBAN, 전문직 PROFESSIONAL'에 종사하는 여피 YUPPIES족이 시대를 이끌기 시작했다.

실내 인테리어는 더욱 고상하고 호화로워졌으며, 사람들은 너도나도 고급가구를 사들였다. 사람들은 이케아에서 다양한 색상의 '라크 테이블'을 구입하기도 했다. 라크 테이블은 이탈리아의 건축가 그룹인 '멤피스'의 영향을 받은 제품으로, 멤피스는 주로 컬러풀하고 포스트모던한 가구와 패브릭, 도자기, 유리, 메탈 소재의 제품 등을 디자인한 그룹이다.

지금도 인기가 많은 '스톡홀름 시리즈'도 이때 태어났는데, 스톡홀름 시리즈는 이케아도 수명이 길고 양질의 제품을 제작한다는 이미지를 얻게 해준 제품이기도 하다. 그리고 이케아는 '서쪽으로!'라는 슬로건을 내걸며 미국과 영국에 이케아 매장을 오픈했다.

1990년대 – 환경과 디자인

1990년대는 경제적 퇴보로 절약 정신이 미덕으로 강조되고 이전의 향락주의에서 선회해 '환경 의식과 디자인'에 관심을 보이기 시작한 시대이다.

이러한 시기에 이케아는 전혀 다른 두 가지 콘셉트를 표방한다. 하나는 18세기 가구를 우수한 디자인으로 카피하는 것이며, 다른 하나는 저명한 디자이너들과 함께 'PS컬렉션 1995'를 개최하는 것이었다.

PS컬렉션의 제품은 '민주적 디자인'이라는 슬로건에 따라 형태와 기능을 강조하면서도 저렴하게 만들어졌으며, 스웨덴의 말뫼에서 개최한 이 컬렉션은 세계적인 엘리트 디자이너들이 참석하며 성황리에 막을 내리게 되었다.

또한, 이케아는 어린아이가 있는 가정에 집중해 아이 방을 위한 컬러풀한 '맘무트 시리즈'를 선보이고, 인터넷 시대에 맞춰 컴퓨터 작업에 효율적인 오피스 인테리어를 저렴하게 꾸밀 수 있는 코너를 갖추게 된다.

2000년대 – 세계화, 재활용, 내구성

2000년대는 인터넷이 보급되면서 세계가 점점 가까워진 시기이다. 사람들은 늘 새로운 자극, 새로운 스타일을 갈구했으며, 생산자 또한 새로운 생산 방식과 마케팅에 대한 가능성을 생각하기 시작했다.

지금의 이케아 디자이너들은 세계 곳곳을 여행하며 영감을 받는다. 특히, 아시아에서 영감을 받아 제작된 제품은 큰 호응을 얻었다. 또한, 2005년에는 이케아의 다섯 번째 PS컬렉션이 열렸는데, 주제는 '혁신과 재활용'이었다. 이 컬렉션 또한 성공적으로 개최되었으며, 지금도 이케아의 디자이너들은 다양한 방면에서 얻은 영감으로 성공 가도를 달리고 있다.

출처

- 《Antik & Auktion》, 2010, 안커 매드슨(Anker Madsen), 쇠렌(Søren) 저.
- 《Ikea design och idetitet》, 2009, 아틀레 비아네스탐(Atle Bjarnestam), 에바(Eva) 저.
- 《Ikea the book》, 2010, 벵트손(Bengtsson), 스타판 (Staffan) 저.
- 《Stilguiden Mobler och inredning 1700-2000》, 2006, 프레드룬드(Fredlund), 준(Jane) 저.
- 《Foretagsminnen》, 2012, 위크만(Wickman), 커스틴(Kerstin) 저.

| 이케아의 설립자 '잉바르 캄프라드' |

이케아는 많은 사람에게 사랑받는 기업이다. 특히 유럽에서는 이케아의 제품을 하나라도 갖고 있지 않은 사람은 드물며, 지금도 전 세계로 뻗어 나가고 있다. 실용적이고 다양하면서 가격까지 저렴한 이케아의 제품을 마다할 사람이 어디에 있겠는가?

사실, 이러한 이케아의 역사만큼 흥미로운 인물이 바로 이케아의 설립자 '잉바르 캄프라드'이다. 그러나 대중에게 알려진 캄프라드에 대한 정보는 매우 제한적이며, 그에 대해 유추할 수 있는 매체 또한 시중에 나온 몇 권의 저서와 인터뷰뿐이다. 이를테면, 《이케아의 역사 : 잉바르 캄프라드, 베르틸 토레쿨의 보고》에 의하면 다음과 같은 내용을 읽을 수 있다.

"캄프라드는 17세에 초창기 이케아를 설립해 술과 사랑, 불륜, 꿈, 정치, 패배에 굴하지 않고 2,500억 크로나의 매출을 자랑하는 거대한 가구 회사로 만들었다. 흔히 캄프라드를 '감성적인 기업가, 85세의 나이에도 매일 근무하며 대규모 기업의 성장을 이끌어가는 사람, 스웨덴 전통 요리인 크랜베리 소스를 곁들인 쾨트불라를 전 세계에 전파한 사람'으로 표현하고는 한다. …(중략)… 이케아는 처음부터 베일에 감추어져 있는 매우 비밀스러운 기업이었다. 대중에게 소개된 부분은 이케아의 일부분에 불과하다. 예를 들어, '이케아의 성공, 인습에서 벗어난 문제 해결책, 사회적 임무와 환경, 사회에 대한 도덕적 능력, 대를 잇는 캄프라드의 아들들'에 대한 정보는 매우 부족하다. 그래서 이케아는 대중에게 오해를 사는 경우도 많다."

예술사가인 사라 크리스토퍼손은 '이케아와 잉바르 캄프라드, 이케아의 디자인'에 대해 아주 오랫동안 연구해왔다. 그녀가 쓴 〈성공에는 역사가 필요하다〉라는 칼럼을 보면, 이케아가 어떤 방식을 통해 사회와 관계를 맺으려 하는지를 알 수 있다. 마구잡이식 자본주의를 쫓는 것이 아니라, 그 외의 것에 더 가치를 둔다는 사실을 말이다.

사실 이케아에 대한 이미지와 스웨덴의 이미지는 동일시되고는 한다. 가난한 사람도 부자인 사람과 균등한 기회를 갖고, 다수에게 더 나은 일상을 제공하려는 '복지 국가'에 대한 이미지가 그것이다. 그러나 이러한 이케아의 이미지는 전략적인 의도로 국가의 프로필을 차용해 이미지를 만들어나간 것이다. 이는 이케아의 창립 광고에서도 나타난다.

"옛날 옛적에 스몰란드라는 시골 마을에 한 소년이 살고 있었어요. 그는 마을에 가난한 사람들을 위한 가게를 만들었죠. 그 전에는 아무도 가난한 사람에게 관심을 두지 않았어요…"라는 동화구연식 광고를 보면 알 수 있다. 이렇게 캄프라드는 목표 집단을 발견하고는 복지에 대한 이미지를 세상에 전파해나갔다.

▲ 이케아(IKEA)라는 이름은 본인의 이름인 '잉바르 캄프라드(Invar kamprad)', 부모님의 농장 '엘름타리드(Elmtaryd)', 고향 마을 '아군나리드(Agunnaryd)'의 머리글자를 따서 만든 이름이다.

물론, 기업이 전략적으로 국가의 프로필을 사용하는 일은 이례적이지도 않으며, 문제가 되는 것도 아니다. 그러나 그 배후에는 경제적인 이해관계가 숨어 있다. 기업은 경제적 단위일 뿐만 아니라 문화적, 정치적 맥락에서의 행위자이기도 하기 때문이다.

사라는 캄프라드의 보도 또한 기업 전체의 이미지에 영향을 미친다고 말한다. 캄프라드의 지독한 구두쇠 성향을 지속적으로 보도하는 것과 이케아에서 절약 정신의 상징인 몽당연필을 무료로 제공하는 것 또한 같은 맥락이다.

그러나 이케아에도 위기는 있었다. 1988년에 토마스 회보리가 쓴 책《잉바르 캄프라드와 이케아, 스웨덴의 동화》에서 캄프라드의 나치 활동 전력과 가족사를 폭로했기 때문이다. 캄프라드의 조상이 독일인이며, 캄프라드 본인도 스웨덴의 나치 그룹인 '북유럽 유겐트 NORDISCHE UGEND'에 가담한 적이 있다는 사실이었다.

이후 캄프라드는 TV 인터뷰와 13페이지에 달하는 보고서 〈소년 시절의 혼란〉을 통해 다음과 같이 사과했다. "기억이 잘 나지는 않지만, 내가 북유럽 유겐트에 가입했을 가능성은 얼마든지 있다. 당시 나는 히틀러를 찬미했다. …(중략)… 나의 할머니가 독일인이고 내가 독일인 아버지로부터 태어난 것이 죄인가? 이에 대해 다시 한 번 묻는다. 늙은 이는 젊을 적 저지른 잘못을 용서받을 수 없는가?" 캄프라드는 자신과 이케아에 닥친 위기를 이렇게 헤쳐나갔다. 비판을 받아들이고 사과함으로써 비난을 최소화시키는 방법으로 말이다.

캄프라드의 스칸디나비아 디자인

캄프라드는 1980~1990년대에 외국으로 사업을 확장하며 '스칸디나비아 디자인'이라는 인식을 형성해나갔고, '스웨덴의 사회복지'와 관련된 내용을 담기 시작했다. 그리고 내부적으로는 '민주적 디자인'에 대한 개념을 만들며, 북유럽 출신의 디자이너들과 메탈 암체어, 크나파 램프 등을 제작했다.

이케아의 로고 또한 빨간색과 노란색이었던 것을 스웨덴의 국기 색인 노란색과 파란색으로 바꾸었다. 이케아의 상징과 정체성을 국가와 스칸디나비아식 디자인으로 개념을 형성한 것이다.

이케아의 꿈

2000년대에 들어 북유럽의 복지 정책은 빠르게 후퇴하기 시작했다. 그러나 이러한 시대 흐름에 맞물리면서 오히려 스웨덴과 이케아의 정치적 관계는 더욱 강화되었다. 스웨덴이 국가를 홍보하기 위해서는 이케아의 '민주적이고 정의로운 사회'에 대한 광고 이미지가 필요했기 때문이다. 즉, 스웨덴은 이케아의 '사회복지에 대한 꿈'을 이용해야만 했다.

그렇다면 앞으로 이케아는 어떤 방향으로 성장해야 할까? 사라는 이렇게 말한다.

"이케아는 스웨덴 국가의 이미지를 지니고 있지만, 취급 품목은 금발의 유럽인의 취향으로만 구성된것이 아니라, 다양한 인종과 계층의 취향을 다루고 있어요. 하지만 지난 수십 년 동안 스칸디나비아 디자인이 엄청난 인기로 많은 이득을 보긴 했죠. 이미지가 한 가지 특정한 양식으로 고정된 경우 그 방향을 바꾸기가 어렵습니다. 좀 더 다양한 이미지를 도모할 필요가 있어요."

| 이케아의 새로운 가치, 재활용 |

2000년대 초 이케아는 스웨덴의 상징인 귀여운 달라호스 목각인형을 판매했다. 달라호스는 이케아에서 프리랜서 디자이너로 활동하는 카타리나 브리디티스가 디자인했는데, 커튼과 전등갓 등 다양한 제품에 응용되었다.

그녀가 디자인할 때 가장 중요시하는 것은 '재활용'이다. 실제로 그녀는 재활용 수공예품 프로젝트인 '두리두 DO REDO'에 참여할 만큼 재활용을 중요하게 생각하며, 이러한 활동은 이케아의 콘셉트와도 완벽하게 맞아 떨어진다.

그 외에도 카타리나는 『구드룬 회덴』, 『스벤스크 슬레드』, 『로스트란드』, 『샐리 앤』, 『공정무역을 위한 구세군 계획』, 『리눔』과 같은 기업을 위해 일하고 있으며, 『리눔』에서 개최하는 컬렉션에는 매년 두 차례 정도 참여하고 있다. 카타리나는 이렇게 말한다.

"지금과 같은 소비의 시대에 재활용과 공정무역의 중요성은 점점 커지고 있어요. 이러한 시대에 디자이너에게도 중요한 과제가 있지요. 과도한 소비를 부추기는 건 문제가 있습니다."

카타리나의 가구 리폼 방법

카타리나에게 일반 사람들이 어떻게 가구 리폼을 할 수 있는지, 어떤 작업에 유의해야 하는지 물어보았다.

Q : 리폼을 해보지 않은 초보자에게 알맞은 재료는 무엇이 있을까요?

A : 천을 사용해보세요. 가구도 새로운 색상이나 디자인의 천 하나만 있으면 스타일을 완전히 바꿀 수 있지요. 물론, 가구의 구조나 소재에 따라 작업의 난이도가 달라지는데, 내구성이 좋고 다루기 쉬운 가구라면 자주 커버를 교체할 수 있어요. 식탁보나 침대 시트를 가구 위에 느슨하게 올려서 바느질하거나 천이나 방수포, 가죽 외투, 더 이상 입지 않는 스웨터 등을 스테이플 건이나 듬성듬성한 바느질로 고정하면 되지요. 하지만 고급스러운 커버를 씌워야 하는 가구라면 커버링 전문가에게 맡기는 것이 좋아요.

Q : 리폼을 할 때 가장 중요하게 생각해야 하는 건 무엇일까요?

A : 가장 중요한 건 본인의 취향이에요. 리폼은 소파나 암체어, 전등갓 등 무엇이든 할 수 있어요. 단, 어떻게 리폼하고 어떻게 꾸밀지는 자신의 감각에 달려 있지요. 리넨을 사용해도 좋고, 수를 놓거나 비즈를 사용해도 좋아요.

저 또한 이케아 가구뿐 아니라 다른 브랜드의 가구도 여러 번 리폼했어요. 침대의 헤드보드는 직접 톱으로 잘라 제작하고, 색을 칠해 완성했지요. 여러분도 리폼을 통해 가구를 재사용하고 새롭게 만드는 작업을 즐기시길 바랍니다.

중고 이케아 제품으로 사회 공헌을!

중고 이케아 제품을 구입할 수 있는 루트는 다양하지만, 스웨덴의 중고가게 '미로나MYRORNA'에서 구입하면 사회에도 이바지하게 된다. 이곳에서 판매된 물건의 수익금은 모두 노숙자와 이민자, 문제 어린이 및 청소년 후원 단체에 기부된다.

미로나는 스웨덴에서 중고 상품을 파는 가장 큰 업체로 총 30개의 매장이 있다. 그리고 스톡홀름에 있는 가장 큰 매장에서는, 규모가 있는 곳은 가구도 판매한다.

미로나에서는 보통 PS 메탈 수납장이 23유로, 의자가 8유로, 테이블이 10~20유로 정도이다. 특히 빌리 책장은 품귀 상품인데, 운 좋게 구입한다고 해도 운송 과정에서 파손될 수 있으므로 늘 스패너를 손에 쥐고 있는 것이 좋다.

중고 제품을 구입하는 사람은 자원을 아끼고 나아가 환경을 아끼는 사람이다. 누구나 사회와 환경에 공헌할 수 있음을 기억하라!

INDEX

- 제품명과 함께 해당 제품의 디자이너명을 함께 실었습니다.
- '이케아 오브 스웨덴'은 이케아 그룹 내 기획팀에서 만든 제품입니다.
- 국내에 소개되지 않은 제품도 포함되어 있습니다.

이케아 DIY

초판 1쇄 발행 2015년 4월 15일

지은이 롤프 엘네브란드
옮긴이 김현정
발행인 김인태
발행처 삼호미디어
등록 1993년 10월 12일 제21-494호
주소 서울특별시 서초구 바우뫼로 41길 18 원원센터 4층
문의 02-544-9456 **팩스** 02-512-3593
홈페이지 www.samhomedia.com

ISBN 978-89-7849-521-9 13590

이 도서의 국립중앙도서관 출판시도서목록(CIP)은
서지정보유통지원시스템 홈페이지(http://seoji.nl.go.kr)와
국가자료공동목록시스템(http://www.nl.go.kr/kolisnet)에서
이용하실 수 있습니다.
CIP제어번호 : CIP2015009676